U0287471

Andrew K. Dennis

Raspberry Pi Home Automation with Arduino

978-1-84969-586-2

Cover Image by William Kewley (william.kewley@kbbs.ie).

Raspberry Pi+Arduino
智能家居入门

〔美〕Andrew K. Dennis 著

云 汉 译

科学出版社

北京

图字：01–2013–7348号

内 容 简 介

Raspberry Pi风靡了全球，将它与Arduino相结合，用以监测并控制家里环境，便是智能家居最好的入门实践。

本书共8章，一开始介绍Raspberry Pi和Arduino以及智能家居的基础知识，然后通过恒温器和自动窗帘的实例，手把手教你将LED、热敏、光敏电阻、继电器、电机等组件搭建成电路，并在此过程中深入浅出地介绍GPIO、脉宽调制、Web Server、SQL等知识，以及十余种未来项目。

本书适合Raspberry Pi、Arduino与智能家居爱好者阅读，也适合高等院校计算机及电子信息相关专业师生选修。

图书在版编目（CIP）数据

Raspberry Pi+Arduino智能家居入门/（美）Andrew K. Dennis 著，云汉译.—北京：科学出版社，2015.4

ISBN 978-7-03-043488-3

Ⅰ.R⋯ Ⅱ.①A⋯ ②云⋯ Ⅲ.①Linux操作系统–应用–家庭生活–自动控制系统 ②单片微型计算机–程序设计–应用–家庭生活–自动控制系统 Ⅳ.TS976.9

中国版本图书馆CIP数据核字（2015）第040405号

责任编辑：喻永光 杨 凯 / 责任制作：魏 谨
责任印制：张 倩 / 封面设计：付永杰
北京东方科龙图文有限公司 制作
http://www.okbook.com.cn

科学出版社 出版
北京东黄城根北街16号
邮政编码：100717
http://www.sciencep.com

中国科学院印刷厂 印刷
科学出版社发行 各地新华书店经销
*
2015年4月第 一 版 开本：720×1000 1/16
2015年4月第一次印刷 印张：9 1/4
印数：1—3 500 字数：100 000

定价：35.00元
（如有印装质量问题，我社负责调换）

致　谢

感谢我的太太 Megan 在写作过程中对我的支持，并且感谢她能够容忍我在家里堆满电子组件和计算机硬件。感谢我的父母，在我成长、发展过程中一直支持我对于科技的兴趣和热情。

感谢 Cooking Hacks 团队，正因为有你们，才会有了全新的 Raspberry Pi-Arduino 扩展板，也感谢你们在 Cooking Hacks 论坛上提出极具创造性的想法。

感谢 Prometheus 研究所的同仁们建造了一个那么棒、那么有趣的工作场所。感谢 Partyka Chevrolet 将他在网络建设硬件方面的经验与我分享。

在此，我也向 Packt 出版社的 Joel Goveya 和 Ameya Sawant 表达谢意，感谢他们在出版过程中对我的指导。同时也感谢 Stefan Sjogelid，他为本书提出了技术建议并帮助审读本书。

前　言

　　智能家居是个令人激动的领域。最近几年，这个领域涌现了大量或有着商业价值或适用于开源平台的新科技。本书为那些想要深入了解智能家居，以及自己编写程序的人提供入门指导。

　　自从 2012 年 Raspberry Pi 问世以来，智能家居领域便出现了一个小巧而又强大的工具，为智能家居发烧友、程序员和电子发烧友提供了一个用传感器和软件武装自己家庭的平台。

　　本书将结合 Raspberry Pi 的知识和 Arduino 开源平台的力量，帮助你学习如何编写电子传感器程序，并且向你介绍记录数据的软件，而这些数据可以供以后使用。

本书内容

　　第 1 章 Raspbery Pi、Arduino 与智能家居　向你展示本书中将使用到的技术和智能家居的背景知识。

　　第 2 章 开始使用 Raspberry Pi　向你介绍 Raspberry Pi，以及教会你如何安装相关的软件以备编程时使用。

　　第 3 章 开始使用 Raspberry Pi-Arduino 扩展板　为你提供安装 Raspberry Pi-Arduino 扩展板及下载必要软件库的指导。

　　第 4 章 开始第一个项目：简单的温度计　将帮助你编写温度计程序，并向你介绍各种电子组件。

第 5 章 从温度计到恒温器：升级第一个项目　在设计温度计的基础上，设计一个可以开关的恒温器。

第 6 章 温度数据的存储：建立数据库来存储结果　开发记录恒温器数据的数据库，并且可以通过 Web 浏览器查询数据。

第 7 章 自动窗帘：根据环境光线自动开关窗帘　教你如何使用前面章节中学习的技术和电机来设计开关窗帘的项目。

第 8 章 总　结　概述可以用在项目中的其他技术并展望智能家居的未来。

附录　参考资料　列出了本书内容涉及的参考资料。

阅读准备

- 使用 Mac OS X、Windows 或 Linux 系统的计算机
- Raspberry Pi
- SD 卡
- HDMI 电缆
- 具有 HDMI 接口的电视机或显示器
- USB 键盘和鼠标
- Raspberry Pi 的 USB 电源
- Cooking Hacks 的 Raspberry Pi-Arduino 扩展板
- 电路面包板
- 10kΩ 电阻
- 热敏电阻
- 光敏电阻
- 公头短接跳线
- LED 显示器
- 9V 直流电机
- 9V 电池，带螺丝端子连接器
- Arduino 电机驱动板
- 烙铁
- 拆焊烙铁 / 风枪

　　书中提及的项目所需软件都可以从网上下载，相关章节将提供详细说明。

读者对象

　　本书的目标读者是那些拥有编程的基础知识并且想要尝试设计一些简单项目的智能家居发烧友。他们不需要拥有高深的电子学知识，因为本书的每个章节都会详细提供安装组件和软件的说明。

本书约定

　　在本书中，你将会发现许多不同样式的文本，它们被用来区分不同种类的信息。下面是各种信息样式的示例，以及相应的解释。

　　正文中的代码片段和单词会以如下样式出现："前一个程序包含两个函数，void setup( ) 和 void loop( )"。

　　整段代码以如下形式出现：

```
void setup(void) {
  printf("Starting up thermometer \n"); Wire.begin();
}
```

　　任何命令行输入、输出会以如下形式出现：

```
mkdir arduPi
cd arduPi
```

　　新的名词和重点会着重标出。例如，你在屏幕上会看见一些词汇出现在菜单或对话框里，它们会以如下形式出现："从菜单中选择**附件**菜单项"。

警告和重要的注释会以这样的形式出现。

提示和技巧会以这样的形式出现。

目　录

第 1 章　Raspberry Pi、Arduino 与智能家居

第 2 章　　开始使用 Raspberry Pi

第 3 章　开始使用 Raspberry Pi-Arduino 扩展板

第 4 章　开始第一个项目：简单的温度计

第 7 章　自动窗帘：根据环境光线自动开关窗帘

第 8 章　总　结

附　录　参考资料

第 1 章

Raspberry Pi、Arduino
与智能家居

本章内容是关于 Raspberry Pi、Arduino 和智能家居的基本介绍。

我们将介绍 Raspberry Pi 的发展历程，也会介绍 Arduino 这种开源的微控制器平台，它让开发者得以方便地连接各种传感器和电机，与周围环境交互。

最后介绍智能家居的一些背景知识，并展示如何通过使用 Raspberry Pi 这样的设备，结合开源社区的软件，构造一个复杂的基于传感器的系统。

让我们首先来关注一下在接下来的几章中会提及的内容。

1.1 本书将要展示的内容

我们拥有大量令人兴奋的项目，通过使用 Raspberry Pi 及 Arduino 技术来实现这些项目，可以逐步帮助你了解智能家居。这些项目包括：

- 编写软件来控制硬件
- 使用热敏电阻来制作温度计
- 通过继电器使温度计变成恒温器
- 使用电机驱动板来控制电机
- 编写软件，把项目中传感器数据所产生的数据进行存储

通过阅读本书的所有章节，你将能够获得为智能家居项目搭建电路和硬件的基本知识。你还将会学到如何编写程序创建一个项目，这个项目可以在控制你的设备的同时，记录所产生的数据。最后，我们期待在未来你能用学到的新技术开发更多的项目。

首先，我们来初步了解将要使用的技术的背景。首先从 Raspberry Pi 开始。

1.2　Raspberry Pi 的历史和背景

从第一台真空管计算机，到 20 世纪 60 年代的磁带和穿孔卡片机，再到 70 年代的第一台拥有微处理器的大型机，大型商业机构和大学研究机构一直保持着对计算机的研究。然而，70 年代后期，随着苹果二代（Apple Ⅱ）的发布，以及更早期电视打字机和苹果一代这类科技的积淀，这种现状迅速改变。

随着 80 年代的到来，公众看到了 ZX Spectrum 和 Commodore 64 这类低价家用计算机冲击大众市场，从而涌现新一代业余程序设计员。到 90 年代，这些自己捣鼓家用计算机和写 BASIC 语言的业余程序设计员慢慢长大，后来进入学术界或计算机产业，通过游戏、网络、开源、商业技术的开发掀起了网络热潮。

从很多方面来看，Raspberry Pi 的创始也和这股网络热潮有关。2006 年，在剑桥大学计算机实验室里，一群由 Eben Upton 领导的计算机科学家执着于制造一种面向业余计算机发烧友、初露头角的学生和孩子们的廉价但具有教育功能的微型计算机。他们的目标是让那些即将从大学毕业的学习计算机的学生可以具备更多 90 年代后才出现的计算机技能，这当然离不开 80 年代家用计算机技术发展的基础。

然而，两年之后这个项目才得以实施。直到 2012 年，Raspberry Pi 才向公众发布。

20 世纪，移动计算技术得到了迅猛发展，这主要得益于智能手机产业的兴起。到 2005 年，一家前身为 80 年代家用计算机制造商 Acorn 的英国公司，推出了 ARM CPU 内核。目前随着 ARM 的发展，98% 的手机内核技术都由该公司提供，其每年约向世界提供 10 亿 CPU 内核。Raspberry Pi 使用的正是 ARM 公司提供的 ARM1176JZF-S 处理器内核。

与此同时，Eben Upton 为 Raspberry Pi 做出过很多设想，直到 2008 年，得益于移动电话技术无孔不入的渗透和快速发展，制造一台小型且轻便，但拥有许多普通大众习惯使用的多媒体功能的微型计算机的成本才变得不再高不可攀。

因此，Raspberry Pi 基金会正式成立，并且开始开发、生产 Raspberry Pi。

到 2011 年，第一个内部测试模型被制造出来并开始进入测试流程。公众最终看到了 Raspberry Pi 的强大能力。

这台小小的低价计算机可以运行游戏《雷神之锤 III》和播放 1080P 全高清视频。

2012 年，Raspberry Pi 最终向公众开放购买。两种型号的 Raspberry Pi（A型和 B 型）开始按计划投入生产，B 型首先发布。

A 型 Paspberry Pi 没有以太网接口，但与 B 型相比，它的功耗更低，并且售价仅为 25 美元。

B 型拥有以太网接口，售价为 35 美元。它首先在中国生产，随后移至英国，由索尼公司接手生产。

经历许多挫折（如早期成品被安装了错误的以太网接口），通过一系列法规的认证之后，Raspberry Pi 终于漂洋过海到达全球科技发烧友的手中。

那么，到底你手中的 B 型 Raspberry Pi 都包括些什么呢？

1.3 Raspberry Pi 硬件说明

我们将简单介绍组成 Raspberry Pi 的核心组件来帮助你更好地体会它所拥有的功能。

Raspberry Pi 的核心是博通（Broadcom）公司出产的 BCM2835 处理器——一种用于移动及嵌入式设备的多媒体应用处理器。

在此基础上，它还包括许多用于支持 USB、RCA 接口和 SD 卡的其他配件。

现在我们来了解 Raspberry Pi 主板上的一部分核心组件。图 1.1 中标明了一些核心组件，随后是各部分的说明。

规 格

Raspberry Pi 体积很小，外形只有 85.60mm × 53.98mm × 17mm，重量仅为 45g。这让它非常适合用于智能家居，因为它可以被放在一个小盒子里，安装在配电箱里，或者直接取代墙上的恒温器。

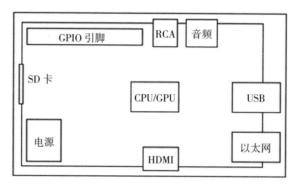

图 1.1

3.5mm 模拟音频接口

通过 3.5mm 模拟音频接口，你可以把耳机和音箱连接至 Raspberry Pi。这对基于音频、媒体播放器的项目尤其有用。

复合 RCA 视频接口

你也许已经对连接 DVD 播放器和电视机的复合电缆很熟悉了，它们通常连着红色、白色和黄色之类的插头。Raspberry Pi 有一个可以连接电视机黄色视频电缆的接口，你可以用它连接电视机，把电视机作为屏幕。

两个 USB 2.0 和一个 Micro USB 接口

USB 是计算机连接外设和存储装置的最普遍的方法。Raspberry Pi 有两个 USB 接口，你可以用它们来连接键盘和鼠标。一个 Micro USB 接口用于给 Raspberry Pi 供电。

HDMI 接口

HDMI（High Definition Multimedia Interface，高清晰度多媒体接口）可以让 Raspberry Pi 连接支持此项技术的高清晰度电视机和显示屏。它可以取代复合 RCA 视频接口和音频接口。

如果想用 Raspberry Pi 在电视机上播放网络音乐或视频，推荐你使用 HDMI 接口。

SD 卡槽

SD 卡是 Raspberry Pi 上数据的最主要的存储方式。我们需要把操作系统安装在 SD 卡上，并且把它当作硬盘来使用。当然，也可以通过 USB 接口的外置存储设备来扩展 Raspberry Pi 的存储能力。

与 GPU 共享的 256MB/512MB 内存

老款 B 型 Raspberry Pi 拥有 256MB 的 **SDRAM**（Synchronous Dynamic Random Access Memory，**同步动态随即存取存储器**），而新型号拥有 512MB。与拥有千兆字节（Gigabyte）内存的个人计算机相比，这个容量并不是很大。但是，对于我们要开发的应用来说，256MB 和 512MB 的存储容量已经足够。

CPU

在本章的开头，我们介绍过 ARM——一家提供 CPU（Central Processor Unit，中央处理器）内核的英国公司。Raspberry Pi 装备有一块 700MHz、拥有 ARM1176JZF-S 内核的 CPU，它是 ARM11 32 位多核处理器家族的一员。

CPU 是 Raspberry Pi 的主要组成部分，通过执行计算机程序指令来进行数学、逻辑运算。

Raspberry Pi 所使用的 ARM11 系列处理器，在 iPhone、亚马逊 Kindle 和三星 Galaxy 系列手机里都有使用。

GPU

GPU（Graphics-Processing Unit，图形处理器）是一种专用芯片，用来加速图像计算的操作。

Raspberry Pi 配备了博通 VideoCore IV 图像处理器，可以支持 OpenGL 应用的硬件加速回放。

如果想要在你的 Raspberry Pi 玩游戏、播放视频，或者使用 Blender 这样的开源 3D 图像应用，图形处理器就将发挥极大的作用。

以太网接口

以太网接口是 Raspberry Pi 连接其他设备及访问 Internet 的主要途径。你可以使用 Raspberry Pi 的以太网接口连接正在用于上网的家用路由器或设置好的网络交换机。

GPIO

Raspberry Pi 上的 GPIO（General Purpose Input/Output，通用输入输出）引脚主要用于连接其他电路板，如 Arduino。

顾名思义，GPIO 引脚能够接收与输入输出有关的控制命令，可以在 Raspberry Pi 上进行编程来发出这些控制命令。

Arduino 扩展板可以将 GPIO 引脚连接到 Arduino，这让我们能够把设备传感器采集到的数据传回 Raspberry Pi。这一点在智能家居中尤其实用，因为人们都希望通过运行着操作系统的 Raspberry Pi 来存储数据或操作电机。

以上内容大概讲解了 Raspberry Pi 的技术功能，下面我们将关注 Arduino，以及如何使两种技术（Raspberry Pi 和 Arduino）通过 GPIO 引脚进行连接。

1.4　Arduino 的历史与背景

Arduino 是市场上使用最广泛的开源硬件产品之一，它早期属于 Wiring 开源平台的分支，由 Massimo Banzi 和 David Cuartielles 于 2005 年在意大利开发。Arduino 是一项开源硬件技术，还包括编程语言和 IDE（Integrated Development Environment，集成开发环境）。

Arduino 平台允许用户通过其同名的编程语言来创建自定义硬件和开发应用。

目前，市场上有许多不同大小、不同组件组成的主板模块。如 Lilly Pad 可以让发烧友们把 Arduino 主板集成在衣物上，这是可穿戴电子的概念。这些主板支持各种各样的扩展板（Shield）—— 一种可以与 Arduino 兼容的电路板，它可以插在主板上并扩展其功能。其中，使用以太网扩展版和无线 Xbee 装置来连接家用网络和 Internet 就是一种独特的扩展功能。

使用 Arduino 的优势在于，发烧友们几乎完全不需要了解电子组件焊接知识就可以预设扩展板。然而，当使用者能够逐渐自如地使用此项技术时，他就能使用无数市场上随处可见的配套组件和传感器来完成自己的项目。

这种简单的操作模式对于大量致力于使用此项技术的智能家居项目的网站和书籍来说大有裨益。

在本书中，我们不会使用其中任何一个 Arduino 微控制器主板，因为 Raspberry Pi 就能完成它的工作。然而，我们会把 Raspberry Pi 和一些 Arduino 扩展板相连，并通过 Arduino 编程语言来对这些扩展板和相关组件进行控制。

1.5　Raspberry Pi-Arduino 扩展板

对于我们的项目来说，我们将要使用的这种独特的 Raspberry Pi-Arduino 扩展板由 Cooking Hacks 制造。Cooking Hacks 是一家名为 Libelium 无线传感公司的分支机构，位于西班牙。网址是 *http://www.cooking-hacks.com*。

Cooking Hacks 的扩展板通过 Raspberry Pi 的 GPIO 引脚与之相连，通过自带的 arduPi 软件，就可以连通你的电子设备、Raspberry Pi 的操作系统和 Web 项目。

下面让我们来简单地了解扩展板及其组成部分。

规　格

Raspberry Pi-Arduino 扩展板是一个信用卡大小、在设计中可以模拟 Arduino 微控制器的电路板。Raspberry Pi 连接器在电路板下方，而电路板上方有标准引脚和连接器，你可以在 Arduino 电路板（如 Uno）上找到它们。

图 1.2 标明了一些核心组件，随后是各部分的说明。

Xbee 插座

扩展板上的两个 Xbee 插座，支持 Xbee 无线通信模块。Raspberry Pi 装有一个以太网接口，所以我们不需要使用Xbee插座来完成智能家居项目。然而，如果希望不通过以太网而使用 Xbee 设备来进行通信，你就可以用这些插座来连接相关设备。

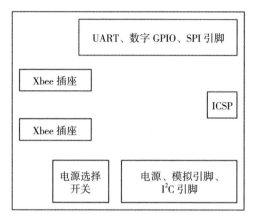

图 1.2

电源选择开关

电源选择开关是一个很小的开关，它位于扩展板的一边，能够切换外部电源。

UART

UART（The Universal Asynchronous Receiver/Transmitter，**通用异步收发器**）是用于连接扩展板的串行输入输出接口，上面标注着 Rx 和 Tx。UART 可以用来传送串行数据，如文本。它也可以用来调试系统程序。

数字 GPIO 引脚

GPIO 引脚可以用于连接其他电子组件。例如，你可以把一个温度传感器焊接在引脚 2，然后使用 Arduino 程序设计语言读出温度传感器传输的数据。

SPI 引脚

SPI（Serial Peripheral Interface，串行外围接口）可以用来连接外围设备和 Arduino 扩展板。SPI 包括 **SCK**（Serial Clock，串行时钟信号）、**MISO**（Master In Slave Out，主输入从输出）和 **MOSI**（Master Out Slave In，主输出从输入）引脚。

ICSP 连接器

我们可以使用 ICSP（In Circuit Serial Programmer，在线串行编程）连接器对 Arduino 微控制器编程。我们的项目中不会用到它，因为 Raspberry Pi 将取代 Arduino 微控制器。

电源插座

电源插座可以用来连接设备和扩展板。例如，一个设备从扩展板中获得电能并在扩展板上写入数据，就需要电源（5V 或 3.3V）和接地引脚。

模拟输入

模拟输入可以用来连接输出模拟信号的设备，如电位器（音量控制旋钮就是一种常见的电位器）。

它是上文中提到的数字 GPIO 引脚的模拟信号版本。

Raspberry Pi GPIO 连接器

Raspberry Pi GPIO 连接器位于扩展板底部，通过它可以把 Raspberry Pi 和 Raspberry Pi-Arduino 扩展板连接在一起。

1.6 焊 接

焊接是使用加热的金属填装物（焊锡）把不同电子组件连接起来的过程，这样电流才可以在它们之间流过。

值得一提的是，在你开始着手打造项目之前，最好多练习焊接，这虽然不是必需的，但很值得一做。如果你是新手，也别担心，我们的项目中需要焊接的东西很少。

如果你身边有旧的计算机硬件，如不用的显卡，你可以练习把上面所有的零件拆焊下来，然后重新焊接上。反复练习，直到熟能生巧。这能够帮助你熟练使用烙铁和拆焊工具。

1.7　为 Arduino 编写软件

在安装好 Arduino 扩展板并把它插入 Raspberry Pi 之后，你大概会想知道该如何操作它。毕竟，就算 Raspberry Pi 有传感器和发光二极管，如果没有计算机应用程序来控制它们正常工作，这些硬件的存在也毫无意义。

Raspberry Pi 上可以使用多种编程语言。本书中我们只使用 4 种：Arduino 编程语言、Python 语言、SQL（Structured Query Language，结构化查询语言）和 HTSQL（Hyper Text Structured Query Language，超文本结构化查询语言）。

Arduino 编程语言（C++ 语言的一种子集）是一种工具，可以用来编写控制 Arduino 兼容扩展板和与它相连的组件的程序。使用这项技术的优点在于，网上有大量的程序和库，它们都可以用在未来的项目中。你可以在 Geany 集成开发环境中使用 Arduino 编程语言来编写核心应用，而这种核心应用将会从项目使用的传感器中读取数据。

接下来我们将使用的语言是 Python。Python 是一种高级编程语言，名称取自著名喜剧《巨蟒剧团之飞翔的马戏团》（*Monty Python's Flying Circus*），于 20 世纪 80 年代末期由 Guido Van Rossum 开发。

Python 语言可以让你建立处理 Arduino 程序输出的网络和数据库应用。我们将使用 Python 语言建立能够处理发送来的数据的 Web 应用，然后通过 SQL 将它嵌入名为 SQLite3 的数据库。

我们还将使用 SQL 建立一个与 Python 脚本连接的数据库。在与 SQLite 数据库管理系统连接时，将建立一个"储存室"存放项目的结果，如温度数据。

最终，我们还将使用 HTSQL 来为数据库提供网页操作界面，通过 Web 浏览器就可以很方便地查询数据库中的数据。

HTSQL 帮助我们建立一个指向数据库的软件，然后就可以查询数据库内容而不需要编写其他服务器端代码。

现在，我们已经了解了用于组建智能家居系统的基本工具——Raspberry Pi 和 Arduino，接下来我们将了解什么是智能家居。

1.8 什么是智能家居

选择本书时，你可能已经大概了解智能家居是什么。但是在本书中，我们将为这个主题和为许多项目做出技术支持的开源技术做一个简单概述。

智能家居并不仅仅像远程遥控电视机那么简单。你可以对 DVR 编程，录制你最爱的节目；你可以设置空调，当气温达到 76°F时自动打开；你还可以安装一个神奇的警报系统，当你家里被入侵时自动报警。

智能家居被广泛称为 "domotics"，一个由 "domestic"（家居的）和 "informatics"（信息学）组成的合成词。总而言之，智能家居是指在家居生活中能够尽可能减少人力资源的浪费，依赖高科技的电子设备来取代人力。从本质上说，这是家庭生活和家务劳动的自动化。

智能家居的历史

家居和住宅智能化的概念从提出到真正实现度过了数十年的漫长时光。事实上，19 世纪科幻小说家 HG Well 和喜剧电影《杰森一家》（Jetsons）中就提出过智能家居的概念。美国工业制造家 George Westinghouse 帮助开发了 AC 电气系统，随后提出名为 X10 的智能家居标准。1966 年，与创始人同名的 Westinghouse Electric 公司成立。它雇佣的一名工程师开发了第一个计算机控制的智能家居系统——ECHO IV，尽管这个"第一"存在争议。

在 1968 年 4 月版《大众机械》（Popular Mechanics）杂志上，**电子家居操作系统**（Electronic Computing Home Operator，ECHO）这一概念出现在大众的视野，并且从实际应用到字面含义都被扩展为使用一些电子组件来统计创始人 Jim Sutherland 家的财政收支、存储购物清单这类事情。

你还可以在 Google 图书网站上看到原版的《大众机械》原文：
http://books.google.com/books?id=AtQDAAAAMBAJ&pg=PA77&source=gbs-toc-r&cad=2#v=onepage&q&f-false

ECHO 从未真正商业化，整个 20 世纪 60 年代，发烧友们和一大批 Honeywell 这类大公司都认为用计算机控制家居生活是天方夜谭。然而，进入 70 年代，随着个人计算机的迅速发展，人们看到了使用智能家居技术的摩登时代的萌芽。

X10 标准的诞生

　　尽管存在争议,X10 技术标准的提出被认为是现代家居自动化技术的开端。1975 年，Pico Electronics 公司构想并随后和 Birmingham Sound Reproducer 公司合作提出了 X10 标准。它是一个框架，能够远程控制家庭内部各种设备。X10 标准的提出是为了让指令发出者和接受者能够通过无线电频率传送信息（如"打开""关上"），并以此彻底改变现有的电子线路体系。

　　3 年之后的 1978 年，X10 产品开始面向电子发烧友市场售卖。不久之后，在 80 年代，CP-290 控制器被安装在 Mattel Aquarius 计算机上投放市场。

　　CP-290 控制器使计算机能够与符合 X10 标准的家庭设备相连接。经过多年发展，Windows 系统和 Mac 系统也可以使用。因此，只要是对智能家居感兴趣的普通人都可以在计算机上自主设计家庭照明系统、恒温系统和自动仓库大门。

　　尽管 X10 系统的提出是具有革命性的，但它依然有许多不足：

- 布线和电波干扰问题
- 在传输中命令会丢失
- 支持 X10 系统的产品极其有限
- 命令种类有限
- 信号传输速度慢
- 加密方式缺失

　　直到 20 世纪 90 年代晚期,智能家居依然没有大范围地出现在家居市场上。然而 Internet 的爆发式发展所带来的科技进步带来了全新的工具、数据传输协议和全新的标准。在新标准中，X10 标准的一些不足被很好地解决了。

网络的爆发和开源——一种新的科技

　　随着 20 世纪 90 年代网络的出现，科技开始迅猛发展。伴随着这股热潮，公众通过使用家用计算机和计算机技术，在家里也可以轻松安装这些廉价的高科技产品。随后，这些科技变成了智能家居发烧友就可以推翻高科技技术壁垒的理想武器。它们还为智能家居设备和系统的工业化生产提供了有力工具。

　　从计算机间交流到计算机与家用设备间的交流仅仅只有一步之遥。

家用电器间一开始通过有线网连接，但随后无线网的发展使计算机与家用电器间不用通过网线，哪怕在不同房间也能相连。无线网络的发展使得人们不再需要额外的电缆了。

当 FTP 或 HTTP 这类数据传输协议成为互联网上信息处理的标准时，硬件开发者看到了在开源的硬件设备上使用这些数据通信技术的机会。基于 X10 协议的设备在通信时无法得知信号是否已经正确传输，除非加装一个昂贵的"双向"设备，而网络技术提供了发回错误代码和信息的整套体系。

差不多在我们上文中所提到的 Arduino 平台快速发展的同时，第一台平板电脑发布。从 2005 年至今，移动电话、平板电脑和智能手机得到了爆发式发展。这种发展通常被称为"后 PC 时代"。

这些设备提供了移动计算平台，虽然体积小得能放进人们的口袋，但却可以运行复杂的软件。于是，通过使用 iPhone 或 Android 系统上的应用，用户就可以操控消费电子产品，如电视机。

正因为这些电子产品体积小、易携带、价格低，它们提供了连接家居设备的完美平台，成为消费者熟悉的媒介。

伴随着硬件的井喷式发展，各种软件的发展也不甘落后。我们即将介绍的一种特殊产品就是开源 Android 操作系统。

Android 操作系统基于 Linux 操作系统，面向移动设备。作为开放手机联盟（Open Handset Alliance）——由 84 家移动领域的公司组成，Google 支持并最终购买了 Android 手机操作系统。

Google 公司的目的在于创造一个能与苹果公司抗衡的开源操作系统，并且这样的系统能够在不同制造商的产品上使用。

所以，家居设备的制造商开始把这项技术和软件应用在自己的产品上。在全球市场上，智能家居设备的时代已经到来。

商业产品

如果你对能够告诉你天气情况和食物储备情况的智能冰箱，或者能够通过智能手机控制的烤箱感兴趣，你就走运了。

通过使用开源软件和网络技术，以使用 Android 系统的三星 RF4289HARS 冰箱和 LG 公司的智能洗衣机为代表的产品为智能家居化铺平了道路。

并不仅仅只有家居设备进行了彻底的改革，生产恒温调节器系统的 Nest 公司（由苹果公司前雇员成立）就在反思智能恒温器该如何工作。

顾客可以使用智能手机扫描商品的条形码和二维码，并且从提供商品详情的网页上下载信息。这项技术可以扩充为扫描、管理家里购买商品的库存，按照购买时间记录冰箱里食品的消耗并随时更新购物单。

Kevin Ashton 说："硬件、软件与信息技术的结合为家居成为'互联网产物'提供了可能性。"

感谢开源和家居设备使用的统一标准，不管是普通人用 Raspberry Pi 设计的智能家居产品，还是 LG 等公司批量生产的商业产品，两者相结合就能够创造智能家居生活。在智能家居中，所有电器连接成网，互相协作，共同完成任务。

正如上文中提到的那样，用 Raspberry Pi 自己设计的智能家居系统成为智能家居网络的一部分。下面让我们来了解 Raspberry Pi 的到来对智能家居世界产生了什么影响。

Raspberry Pi 来了

随着 Raspberry Pi 和及 Raspberry Pi-Arduino 扩展板的到来，一系列拥有 PC（个人计算机）功能、网络通信功能与多媒体技术、微控制器的与外部环境互动的能力，以及移动设备的便携性的开源科技已经做好了准备。

开源科技为我们自己设计、制造便宜的并能与商业产品相连接的家居设备提供了完美的技术支持。它还可以让我们根据自身需要改变家用电器的功能，并且让我们对这项技术有了更深的了解。

对于那些熟悉 Arduino 设备的人来说，Raspberry Pi-Arduino 扩展板提供了一个整体的解决方案。人们不再单独需要装有 Windows 系统或 Mac 系统的个人计算机就可以设计产品，这给我们提供了与现有产品不同的选择。

同时也感谢 Raspberry Pi 为那些对编程感兴趣的人们提供了教育工具。而 Raspberry Pi-Arduino 扩展板的使用为那些希望能够从只会开发控制计算机的软件，发展到能够开发出控制周围环境并学习电子知识的人们提供了一条捷径。它还支持那些喜欢 DIY 的人们关注智能家居，开发出更多种类的产品。

1.9 小 结

在本章中，我们了解了 Raspberry Pi 和 Arduino。我们也关注了智能家居产业中现有的技术，以及它们的发展历史。

曾经，电子家居操作系统在 Sutherland 家里整整占用了一个房间，而现在 Raspberry Pi 的体积还不如一张信用卡大。

智能家居产品目前渐渐被广泛使用，而 Raspberry Pi 恰好进入智能家居领域，为那些想要个性化控制电子设备的人们提供了简单、便宜的工具，并且扩展了市场上 Arduino 技术的现有功能。

请记住本章中介绍的内容，下面我们将开始第一步——开始使用 Raspberry Pi。

第2章

开始使用 Raspberry Pi

在本章中，我们将介绍如何使用 Raspberry Pi。为了能够正常使用 Raspberry Pi，我们必须首先在一张 SD 卡上安装操作系统。一旦安装好操作系统，你就可以安装其他编写代码的软件，以及用于控制连接在 GPIO 引脚上的设备的软件。

在安装 Raspberry Pi 之前，你必须完成以下几个步骤：

- 决定是购买一张预装操作系统的 SD 卡，还是买一张空白存储卡
- 格式化 SD 卡
- 选择正确版本的 Linux 系统
- 安装操作系统
- 配置操作系统

完成以上步骤后，就可以着手开始我们智能家居项目了。

2.1 SD 卡——Raspberry Pi 的存储设备

SD（Secure Digital）存储卡是一种广泛应用于数码相机、计算机等电子产品的轻便且高性能的存储介质。

Raspberry Pi 配置有 SD 卡插槽，可以插入一张 SD 卡。这张 SD 卡就是主要的存储介质，和计算机上的硬盘起同样作用。

当然你也可以使用其他存储工具，如 U 盘（USB Drive）或移动硬盘（USB External Hard Drive），但是 SD 卡体积小，能够更好地嵌入各种设备，如智能

家居项目中将使用的设备。

市场上有很多品牌、不同大小的 SD 卡。Raspberry Pi 支持大容量 SD 卡，包括容量达到 64GB 的存储卡。想完成本书中提到的项目，你必须使用一张至少 2GB 容量的 SD 卡。

下面我们将了解购买 SD 卡的两种选择：购买一张有预装操作系统的 SD 卡，或者买一张需要自行格式化和安装操作系统的存储卡。

2.2　预装操作系统的 SD 卡与空白存储卡

自从 Raspberry Pi 发布以来，很多网站都提供安装好适用于 Raspberry Pi 操作系统的 SD 卡。

有些发烧友并不想经历烦琐的操作系统安装过程，并且乐于使用预装的单一操作系统，这种存储卡让他们更容易上手使用 Raspberry Pi。

然而对于我们的项目，我依然建议你购买一张空白的存储卡，并根据本章的说明安装操作系统。在你格式化存储卡之后，你将使用一种名叫 BerryBoot 的应用。BerryBoot 让你选择你想要安装的那种操作系统。它的优势在于，在以后的项目中，你可以多安装几种操作系统或重新换一种操作系统，而不是只有预装在 SD 卡中的唯一选择。

尽管空白存储卡有诸多优势，但是如果你没有装有 Window 或 Mac 系统的个人计算机来格式化空白 SD 卡，我们还是建议你购买一张预装系统的存储卡。本书中，我们将使用 Linux 系统，所以这张 SD 卡上要预装有 Debian Wheezy Raspbian 操作系统。

2.3　配置 SD 卡

在安装操作系统之前，我们必须准备好 SD 卡。步骤包括首先要把 SD 卡格式化为 FAT 格式。

FAT（File Allocation Table，文件配置表）系统是一种记录哪一部分磁盘被写满、哪一部分磁盘是空白的方法。它起源于 20 世纪 70 年代，由 Bill Gates 和 Marc McDonald 发明，用于软盘。由于它操作简单、稳定安全，现在仍然用于 SD 卡。我们需要使用 FAT 系统来运行选择操作系统的应用程序。

在格式化 SD 卡之后，我们将要安装 BerryBoot 程序。它帮助我们在 SD 卡上安装 Raspberry Pi 的操作系统。

拿出你的存储卡并把它插入笔记本电脑或台式计算机的 SD 卡槽，下面我们将开始格式化磁盘。

格式化存储卡

正如上文中提到的那样，为了安装 BerryBoot，我们必须先把 SD 卡格式化为 FAT 格式。这是一项简单的操作，可以在安装有 Windows 或 Mac 系统的 PC 上操作。

购买一张 SD 卡之后，你可能会发现它已经被写入 FAT 文件配置表系统，因为它被数码相机等设备广泛使用。很多制造商将这种 SD 卡推向市场，不再需要进一步格式化。

然而，我们还是会为你在 Windows 7、Mac OS X 和 Linux 系统上重新格式化 SD 卡给出说明，以防这张卡是预装过的或上面残留有数据，或者你第一次不得不格式化存储卡。

在一些新发布的操作系统中，有时菜单的位置会被移到别处。在这种情况下，你可以上网，在 Google 或操作系统帮助菜单中找到 SD 卡格式化说明。

在 Windows 7 系统上格式化 SD 卡的操作指南

这份操作指南将指导你在 Windows 7 操作系统下格式化 SD 卡。本步骤完成之后，你就可以准备在 SD 卡上安装 BerryBoot 软件了。

1. 在 Windows 任务栏中点击 Start（开始）按钮。

2. 在 Start 菜单上点击 Computer（计算机）。

3. 你将能看到一个窗口，窗口的左边面板排列有 Favorites（收藏）、Libraries（库）、Computer（计算机）和 Network（网络）等选项。右边面板展示计算机的存储设备。

4. 在右手边面板显示的设备目录中，右击你的 SD 卡。

5. 在弹出的菜单中，左击 Format（格式化）。

6. 现在，你将能看到一个 Format Removable（格式化可移动磁盘）的弹出窗口。

7. 如果 FAT 32（Default）（默认）选项没有被自动选中，需要你从 File system（文件系统）下拉菜单中手动选择。

8. 其他设置不变。

9. 在 Volume label（卷标）文字输入区键入 SD 卡的名称，如 RASPBERRY。

10. 勾选 Quick Format（快速格式化）选项。

11. 现在，已经准备好格式化存储卡了。

12. 点击 Start 按钮。

Windows 系统将根据刚才的设置格式化你的 SD 卡。

一旦格式化成功，你将能看见一个弹出窗口，这个窗口告知你格式化过程已经完成。

点击 OK 关闭弹出窗口。现在，已经准备好在 SD 卡上安装 BerryBoot 应用程序了。

在 Mac OS X 系统上格式化 SD 卡的操作指南

这份操作指南将指导你在 Mac OS X 操作系统下格式化 SD 卡。本步骤完成之后，你就可以准备在 SD 卡上安装 BerryBoot 应用程序了。

1. 打开 Applications（应用）文件夹。

2. 点击 Utilities（实用程序）文件夹图标。

3. 从打开的文件夹中，选择 Disk Utility（磁盘工具）。

4. Disk Utility 窗口已经被打开。在左边，你将看到一栏菜单，包括 Disks（磁盘）、Volumes（容量）和 Disk Images（磁盘镜像）选项。

5. 从左边的菜单中选择你的 SD 卡。

6. 然后，你就能在后边的面板中看到磁盘信息了。

7. 从右边面板中选择 Erase（清除）选项卡。

8. 你现在能看到一系列格式化 SD 卡的选项。

9. 从 Format（格式化）下拉菜单中选择 MS-DOS（FAT）。

10. 将你的 SD 卡命名为 RASPBERRY。

11. 我们现在可以格式化存储卡了。

12. 点击 Erase 按钮。

Mac OS X 操作系统将根据你的设置格式化 SD 卡。下面你就可以安装 BerryBoot 应用程序了。

在 Linux 系统上格式化 SD 卡的操作指南

我们将通过终端窗口使用 mkdosfs 程序，在 Linux 系统上格式化 SD 卡。

在 Linux 系统上，有许多工具可以格式化磁盘或给磁盘分区。mkdosfs 程序格式化 SD 卡，让它可以使用 FAT16、TAT32 等 MS-DOS 文件系统。

在我们的项目中，需要已经被写入 FAT 文件配置表系统的 SD 卡来安装 BerryBoot，所以 mkdosfs 程序最为适用。

1. 打开终端窗口。

2. 在提示窗口键入命令 df –h。

3. 你现在将可以看到如下列表：

```
Filesystem       Size   Used   Avail   Capacity   Mounted on
/dev/disk1       465G   119G   345G    26%        /
/dev/mmcblk0p2   7.3G   671M   6.3G    10%        /media/SDcard
```

4. 找到 SD 卡的文件系统名称并把它记录下来。

5. 同时也记下挂载 SD 卡的目录。

6. 如果你没用 root 用户登录，请使用 su，切换成 root 用户。

7. 为了格式化 SD 卡，你必须先将它卸载。所以，需要使用 unmount 命令并把你记录的文件系统名称作为参数传给它，如 unmount /dev/mmcblk0p2。

8. 现在可以使用 mkdosfs 命令来格式化 SD 卡。

9. 键入下列命令：

```
mkdosfs /dev/mmcblk0p2 -F32
```

10. 你的 SD 卡将被格式化为 FAT 格式。

11. 下面可以重新挂载 SD 卡，把刚才记录下来的文件系统名称和目录名称作为命令行参数。

```
mount /dev/mmcblk0p2 /media/SDcard
```

现在你的 SD 卡已经格式化完成，可以安装 BerryBoot 程序了。

2.4 BerryBoot——安装操作系统的工具

事实上有许多在 SD 卡上安装操作系统的方法，但到目前为止最简单的方法是使用 BerryBoot 应用程序。

BerryBoot 是一种与 Mac、Windows 和 Linux 系统兼容的 Boot Loader[1]。把它解压缩到格式化好的 SD 卡上，当 Raspberry Pi 启动完成后，它就会自动启动。

BerryBoot 一旦启动完成，你就可以使用它选择你想要安装的操作系统，该操作系统会自动安装。BerryBoot 应用程序还可以帮助你在一张 SD 卡上安装多个操作系统。

下载 BerryBoot 压缩包

我们首要的任务是下载 BerryBoot 压缩文件。你可以从以下网址下载：

http://www.berryterminal.com/doku.php/berryboot

在网页中找到下载链接，然后下载文件（大约 21.3 MB）。

在你装有 Windows 或 Mac 系统的计算机上，可能已经安装了压缩 / 解压缩程序。

如果你还没有安装压缩 / 解压缩程序，请根据计算机的操作系统（Mac、Window 或 Linux）自行下载。

Windows 系统

以下两种应用程序是可以安装在 Windows 系统上的基于 **GUI**（Graphical User Interface，图形用户界面）的压缩 / 解压缩工具。

- 7-zip：*http://www.7-zip.org/*
- WinZip：*http://www.winzip.com/*

Mac 系统

对于 Mac OS X 系统来说，你可以使用以下两种应用程序。最被广泛使用的 Windows 压缩工具 Winzip 也有 Mac 版本。

- WinZip for Mac：*http://www.winzip.com/mac/*
- Archiver：*http://archiverapp.com/*

Linux 系统

对于 Linux 系统来说，最好的解压缩工具是 unzip。根据 Linux 的不同发

1）Boot Loader 是在操作系统内核运行之前运行的一段小程序。通过这段小程序，我们可以初始化硬件设备、建立内存空间的映射图，从而将系统的软硬件环境带到一个合适的状态，以便为最终调用操作系统内核准备好正确的环境。——译者注

行版，你可以使用下列命令来安装解压缩安装包。

对于 Red Hat Linux、Fedora 等使用 RPM 的发行版：

```
yum install unzip
```

对于 Debian GNU/Linux 发行版：

```
apt-get install unzip
```

安装好解压缩程序之后，将 SD 卡上下载的 BerryBoot 压缩软件解压缩。解压缩后的文件夹里就有让 Raspberry Pi 第一次启动的程序。

当上述过程完成时，我们就可以将 Raspberry Pi 和外部设备连接起来，然后就可以安装操作系统了。

连接 Raspberry Pi

接下来，我们将安装 Raspberry Pi 的硬件。在你试图给 Raspberry Pi 通电之前，你需要完成以下步骤。

1. 将 SD 卡从计算机里拔出，然后插入 Raspberry Pi 的 SD 卡槽。

2. 将 Raspberry Pi 连接到显示器。

3. 通过 USB 接口将键盘、鼠标与 Raspberry Pi 连接。

4. 使用网线，将你的调制解调器或路由器连接到 Raspberry Pi 的以太网接口。

这些步骤完成之后，你就可以给 Raspberry Pi 接通电源了。

在显示器上，你应该可以看见 BerryBoot 的欢迎界面。这表示我们已经成功将文件复制到 SD 卡上，然后就可以选择要安装的操作系统了。

下载合适的操作系统

我们现在需要从 Raspberry Pi 上可以安装的诸多操作系统中做出选择。为了完成智能家居项目，我们将使用一个名为 Raspbian 的操作系统。

Raspbian 基于 Debian Wheezy Linux 操作系统，并且为配合 Raspberry Pi 的使用进行了优化。*raspbian.org* 的创始人 Mike Thompson 和 Peter Green 开发了此系统。尽管这并非 Raspberry Pi 基金会的官方产品，但在其网站上还是推荐初学者使用 Raspbian 系统。

如果你还不太熟悉 Linux 系统，可以把它们理解成是一系列使用 Linux 内核来实现的开源操作系统，加上相关的应用软件，就能够替代 Windows 系统。

　　Mac OS X 用户可能不会对 Linux 感到非常陌生，因为 Mac OS X 本身就是一个类 UNIX 操作系统，这种操作系统中所使用的很多命令都与 Linux 很相似。Mac OS X 用户也会发现，他们正在使用的操作系统与 Raspberry Pi 上安装的 Raspbian 操作系统之间的相似点。

　　安装 Raspbian 操作系统有以下几点优势。

- Raspbian 操作系统拥有与 Windows 和 Mac 相似的桌面环境——LXDE，可以帮助那些不熟悉 Linux 命令行的用户过渡。

- Raspbian 操作系统预装有可以为 Raspberry Pi 和 Arduino 编写代码的软件，如 Python。它还装有其他你可能有兴趣了解的具有教育功能的软件，如 Scratch 软件就可以用于向儿童介绍如何编程。

- 为了能在 Raspberry Pi 上顺利运行，Raspbian 操作系统进行了一系列优化，在编译代码时设置了使用芯片内置的浮点计算单元（硬件浮点计算）的参考，避免了使用效率低下的软件模拟的浮点计算。

- Raspbian 操作系统拥有广泛的技术资源。如果你看完本书，对其他新的项目还感兴趣，你将能够获得足够的技术资源和帮助。

下面我们将介绍如何安装 Raspbian 操作系统，以及如何设置一些重要参数。

安装 Raspbian 操作系统

　　当 Raspberry Pi 启动之后，你就能看见 BerryBoot 欢迎界面。

　　根据下列步骤安装 Raspbian 操作系统。

　　在 Welcome（欢迎）界面的弹出窗口中，选择下列设置：

　　1. 如果显示器的顶部和底部有绿色边框，选择 Yes(disable OverScan)[是（禁用过扫描）] 单选按钮。

　　2. 在 Network connection（网络连接）选项中，选择 Wired（有线）单选按钮。

　　3. 在 Locale settings（区域设置）中，选择合适的 Timezone（时区）和 Keyboard Layout（键盘布局）。

　　4. 完成之后，点击 OK（确认）按钮。

　　5. 点击 OK 按钮之后，你将能看到 Disk Selection（选择磁盘）界面。在这里，你需要选择将操作系统安装在哪个存储设备里。

如果除了 SD 卡，你还有其他存储设备连接在 Raspberry Pi 上，也可以使用其他存储设备。在本书中，我们仍将使用 SD 卡。

1.选择 SD 卡，然后将 **File System**（文件系统）选择框改成 **ext4**[1]（no discard）[ext4（保留数据）]。和 FAT 一样，ext4 是一种面向于 Linux 系统的文件系统。

2.现在选择 **Format**（格式化）按钮。

3.一旦格式化过程完成，我们就能看到 Install operating system（安装操作系统）界面，然后请选择 Raspbian 操作系统。

4.点击 **Debian Wheezy Raspbian** 选项。

安装 Debian Wheezy Raspbian 大概需要下载 430MB 数据（图 2.1），根据不同的网速，下载需要几分钟左右。

图 2.1

下载完成之后，你就能看见 **BerryBoot menu editor**（BerryBoot 菜单编辑器）。这时，屏幕上出现一个菜单，以及一系列目前安装在 SD 卡上的操作系统清单。

---

1) 一种针对 ext3 系统的扩展日志式文件系统，是专门为 Linux 开发的原始的扩展文件系统 ext 或 extfs 的第 4 版。

假设以前没有在 SD 卡上安装任何操作系统，现在你应该能看到刚刚安装的带有版本号的 Debian Wheezy Raspbian 操作系统。

在 BerryBoot menu editor 界面顶部，有许多选择：

- Add OS（添加操作系统）
- Edit（编辑）
- Clone（复制）
- Export（导出）
- Delete（删除）
- Make default（设为默认）
- Exit（退出）
- ⓦ 按钮，设置高级选项

对于本章中所描述的安装过程，我们只需要使用 Make default 和 Exit 选项。

1.选择你安装的操作系统，并且点击 Make default 选项。这意味着当 Raspberry Pi 启动时，会默认启动我们所安装的 Raspbian 操作系统。

2.然后点击 Exit 按钮。

我们面前将呈现 Raspi-config（Raspbian 系统配置）界面。

Raspi-config 界面是一个菜单，用于为 Raspberry Pi 设置各种参数。你可以使用方向键移动光标，使用回车键进行选择。

屏幕上的菜单包含以下选项。

- Info（信息）：有关 Raspi-config 工具的基本信息。
- Overscan（过扫描）：改变过扫描设置。
- configure_keyboard（配置键盘）：配置键盘布局。
- change_pass（更改密码）：修改用户密码。
- change_locale（更改区域）：设置区域。
- change_timezone（更改时区）：设置时区。
- memory_split（内存分配）：改变内存分配方式。
- overclock（超频）：配置超频。
- ssh（ssh 服务器）：启用或禁用 SSH 服务器。
- boot_behaviour（启动行为）：设置启动时是否启动图形界面。
- Update（更新）：更新 Raspbian 系统配置程序。

- <select>（选择）：选择一个选项。
- <finish>（完成）：菜单使用结束。

我们将使用菜单中的功能来修改密码、启用 SSH 并装载桌面环境。

1. 首先选中 change_pass（更改密码）菜单项，输入并确认你的新密码。

 Raspberry Pi 的默认密码是 raspberry。如果打算让 Raspberry Pi 连接上网络，尤其是连接公共网络，你最好更改成更安全的密码。

更改密码之后，我们需要设置 SSH，然后就可以通过一台不同计算机的命令行远程连接 Raspberry Pi。

2. 选择 ssh 菜单项并启用 ssh 服务器。

3. 最后，我们需要改变 Raspberry Pi 启动行为，让系统启动时自动启动图形界面。因此，我们需要更改 boot_behavior 菜单项来设置默认启动图形界面。

4. 现在已经在 Raspbian 系统配置界面上完成了我们需要的所有配置，可以退出界面。现在可以点击 <finish> 按钮，然后按下回车键完成安装。

安装完成

现在已经完成了 Raspberry Pi 上的操作统安装，你应该能看见 Raspbian Linux 系统桌面。桌面上有很多默认安装的可加载程序的图标，如 Midori（一种快速、轻便的网页浏览器）和 Python IDE。这两个程序我们后面都会用到。

还有一个 LXTerminal 图标，用它打开 Linux 终端窗口，让我们可以通过命令行来运行应用程序。

最后，你可以考虑测试一下是否能通过 SSH 连接到你的 Raspberry Pi。

获知 Raspberry Pi 所分配到的 IP 地址有很多种方法，其中的一种是在你的家用调制解调器和路由器上查看 DHCP IP 地址分配状态表。然而，更简单的方法是在 Raspberry Pi 上直接查看。

方法是再次加载 LXTerminal，然后输入下列命令：

```
ip addr show eth0
```

你可以在单词 "inet" 后找到你的 IP 地址，如：

```
Inet 192.168.1.22/24 brd 192.168.1.255 scope global eth0
```

IP 地址就是 "/" 之前的部分，在这个例子中就是 192.168.1.22。

> IP 地址是一种在局域网和 Internet 上给计算机或其他设备分配的独一无二的识别符。目前最常见的 IP 地址形式是 IPv4，以 192.168.1.0 这样的形式出现。你也可能遇到新型 IP 地址形式 IPv6，以 2001:0ab1:25b9:0047:0000:8a2e:0110:7444 形式出现。

Raspberry Pi 获得 IP 地址之后，你就可以尝试把它和其他设备连接。

Mac 和 Linux 用户可以使用操作系统自带的终端程序。Windows 用户可以下载一个名为 PuTTY 的终端可执行文件，下载网址：

http://www.chiark.greenend.org.uk/~sgtatham/putty/download.html

PuTTY 为 Windows 用户提供了一个终端窗口，可以与使用 Linux 系统的设备相连。

Windows 系统用户

在 Windows 系统计算机上配置使用 PuTTY 的步骤如下。

1. 双击 *putty.exe* 安装文件加载 PuTTY 配置界面。

2. 在 Host Name（or IP address）[主机名（或 IP 地址）] 的文本框中，输入你的 Raspberry Pi 的 IP 地址。

3. 在 Port（端口）中输入 22，在 Connection type（连接类型）中选择 SSH。

4. 最后点击 Open（打开）。

5. 你可能会看见一个名为 PuTTY Security Alert（PuTTY 安全警告）的弹出窗口，以及一条解释服务器的主机密钥没有缓存在注册表的信息。

6. 点击 Yes（是）按钮。

7. 在终端窗口，你将能看见以下信息：

```
Login as:
```

8. 键入你的 Raspberry Pi 用户名，如 pi。

9. 现在会看到另一条让你输入密码的信息，如：

```
pi@192.168.1.122's password:
```

10. 输入密码，按下回车键。

你现在已经登录了 Raspberry Pi。

Mac 和 Linux 系统用户

一旦安装好终端应用，你就可以使用以下命令通过 SSH 连接 Raspberry Pi 了。

```
ssh pi@192.168.1.122
```

你将被要求输入你的密码。你还可能看见一条不能确定主机安全性的信息，如：

```
The authenticity of host '192.168.1.122 (192.168.1.122)' can't be
established.
RSA key fingerprint is
f6:4a:38:4a:8b:c6:04:a9:bc:51:c3:af:fe:cb:78:e6.
Are you sure you want to continue connecting (yes/no)?
```

在命令行输入"yes"，按下回车键。

你将能看见下列信息：

```
Warning: Permanently added '192.168.1.122' (RSA) to the list of
known hosts.
```

当你完成此步骤并输入密码后，应该可以看到 Raspberry Pi 的命令行。

你已经成功测试了 SSH 服务。如果有需要，现在已经可以从第二台计算机远程控制 Raspberry Pi 了。

2.5 小 结

本章中，我们学习了什么是 SD 卡，如何设置 SD 卡以便给 Raspberry Pi 使用，如何安装操作系统，如何第一次启动 Raspberry Pi。

如果你有兴趣进一步探索 Raspbian 操作系统，网络上有许多学习资源，以下是一些有用的网址。

- *http://www.raspberrypi.org/*：Raspberry Pi 的官方主页。
- *http://www.raspberrypi.org/phpBB3/*：Raspberry Pi 的官方论坛。
- *http://www.raspbian.org/*：Raspbian Linux 发行版的主页。
- *http://www.linux.org/*：一个致力于 Linux 教学的网站。

　　现在，操作系统安装完毕，我们可以开始了解 Raspberry Pi-Arduino 扩展板，学习如何将它安装好并与 Raspberry Pi 配合起来使用。

　　准备好你的 Cooking Hacks 扩展板，让我们开始吧。

第 **3** 章

开始使用
Raspberry Pi-Arduino 扩展板

在本章中，我们将关注 Raspberry Pi-Arduino 扩展板。我们将讨论如何识别 Raspberry Pi 的型号，然后安装合适的软件库。以上步骤完成之后，我们将简单介绍 Arduino IDE，让你了解 Arduino 编程语言是什么样的。

在这之后，我们将编写一个点亮和熄灭 LED 的应用程序，然后进行编译和运行。

3.1 安装硬件

为了使用 Raspberry Pi-Arduino 扩展板，我们需要先进行安装和配置。安装过程包含两个步骤：连接硬件和安装软件。在安装硬件的过程中，我们需要用两根导线将 LED（Light-Emitting Diode，发光二极管）与面包板相连。这是我们的第一个测试项目，来确保所有设备正常运行。

在本章中，你需要下列组件：

- 已配置好并接入网络的 Raspberry Pi
- Cooking Hacks 的 Raspberry Pi-Arduino 扩展板
- 用来连接电路的面包板
- LED
- 两条用来连接面包板和扩展板的导线

识别 Raspberry Pi 的型号

为了给 Cooking Hacks 扩展板安装正确的软件包，需要确定我们使用的 Raspberry Pi 的型号。最方便快捷的方法是查看 Raspberry Pi 电路板。

Raspberry Pi 的第 2 版拥有两个安装孔，在电路板上还拥有"Made in the UK"（英国制造）字样。早期型号的电路板没有这两样标志。

Cooking Hacks 网站包含检测电路板是哪一种型号的详细说明：

http://www.cooking-hacks.com/index.php/documentation/tutorials/raspberry-pi-to-arduino-shields-connection-bridge#step3

你也可以通过命令行的方式来查看版本号，通过版本号也可以知道电路板型号。输入下列命令，你将能看到 Raspberry Pi 具体的硬件信息：

```
cat /proc/cpuinfo
```

找到 Revision（版本）项，你就能看到版本号。在图 3.1 中，版本号是 0002。

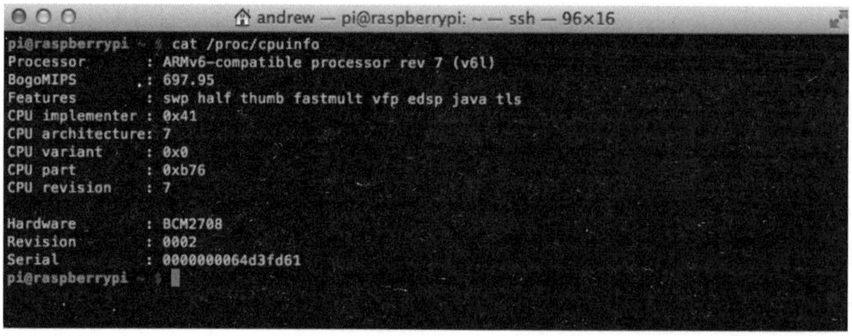

图 3.1

你可以将版本号与 Raspberry Pi 的参数资料进行交叉对比。参数资料在 Element 14 网站上能找到：

http://www.element14.com/community/docs/DOC-42993/l/raspberry-pi-single-board-computer）

在这里你能够发现一张名为 **Revision Note** 的表格。点击表格的链接，你将会看到一份显示最新型号的文件。这里的信息就可以帮助你确定电路板型号。

现在已经确定 Raspberry Pi 的型号，下面让我们安装硬件吧。

安装 Raspberry Pi–Arduino 扩展板和 LED

下面我们将把扩展板连接到 Raspberry Pi，并且将 LED 等相关组件连接起来。

拆开扩展板的包装，找到位于电路板底部的黑色的连接器，并将 Raspberry Pi 上的 GPIO 引脚连接到扩展板。如果你不确定这些设备、连接器指的是什么，可以参考第 1 章 "Raspberry Pi、Arduino 与智能家居" 中 "Raspberry Pi 硬件说明" 部分的内容。

当扩展板紧紧连接到 Raspberry Pi 后，你就可以连接 LED 了。

拿出两条导线，一条连接在地线引脚，另一条连接到数字引脚 2。

把这两条导线的另一端连接在面包板上。现在把 LED 插进面包板，连接数字引脚 2 上的导线接 LED 较长的引脚，地线接较短的引脚。

图 3.2 提供了这步安装的指导。

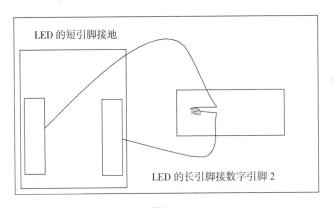

图 3.2

目前暂时没有焊接零件的必要，编写的 LED 应用程序也仅仅是检测我们的安装是否能正常运作。

完成硬件安装之后，我们就可以开始安装控制 Raspberry Pi-Arduino 扩展板的软件了。

3.2　安装软件

为了能让 Raspberry Pi-Arduino 扩展板正常工作，我们需要安装 arduPi 软件库。

arduPi 软件库是 Cooking Hacks 小组编写的一组特定的 C++ 文件，它通过一系列函数，让在 Raspberry Pi 上编写的应用程序通过扩展板与 Arduino 相连。

你也可以选择安装 Arduino IDE，尽管本书不会使用到它。虽然我们不会使用 IDE 来编写项目，但它却是探索已有项目的有效途径。对于已经拥有 Arduino 微控制器的读者来说，你们可以使用它与 Raspberry Pi 相连。

你也将使用 Leafpad 来编写第一个应用程序，这也是一种通过命令行编译、运行 Sketch 的简单方法。

Arduino IDE

如果需要，可以使用 apt-get 安装 Arduino IDE。

打开终端窗口并运行下列命令行，确保 apt-get 更新到最新的数据。

```
sudo apt-get update
```

现在应该能看见一些需要更新的文件已经下载到你的 Raspberry Pi 上了。

下载、安装 IDE，请输入下列命令：

```
sudo apt-get install arduino
```

系统会提示安装该软件包会占用一些磁盘的存储空间，输入 yes 完成安装。

完成安装后，在 Raspbian 开始栏的 Electronics 菜单中，就能看见 Arduino IDE 选项。点击它就可以在你的 Raspberry Pi 上打开 Arduino IDE。你应该能看到一个包含空白框的窗口。在这个空白框里，你可以写代码或载入示例程序。在 Arduino 的世界里，这被称为 "Sketch"（草图）。

你也许注意到了，在菜单顶端有一个小小的三角形 Run（运行）按钮。这个按钮用来通过 IDE 上传代码到 Arduino 电路板，按下它就可以编译代码并上传到 Arduino 微控制器。

但是我们正在使用 Raspberry Pi 而不是 Arduino，所以在命令行上使用 C++ 编译器来编译程序，这个编译器将代替 IDE 上运行按钮的作用。编写第一个应用程序时，我们将进行详细说明。

对于有经验的开发者来说，有很多工具可以用来编写、运行 Arduino 应用程序。这些工具可以在 *http://arduino.cc/playground/Main/DevelopmentTools* 上找到。

如果你拥有一台安装有 Windows 的计算机，有一个 Visual Studio 的插件能够让你修改 Arduino IDE 的皮肤并增加个性化按钮。因此，你可以扩展 IDE 工具栏来运行个人定制化命令，配置成使用 arduPi 库来创建 Arduino 的 Sketch。

在本章中，我们将使用 Leafpad 来编写应用程序，然后通过命令行运行它。在第 4 章"开始第一个项目：简单的温度计"中，我们将用 Geany IDE 和 Makefiles 程序来完成第一个项目——一个基本的温度计，Geany IDE 和 Makefiles 程序也包含以上功能。

速览 Arduino 语言

我们通过一个 Arduino 语言编写的简单项目来了解 Arudino 语言。

如果你已经安装了 Arduino IDE，可以通过下列步骤找到示例程序。

1. 在主菜单选择 File（文件）。

2. 在 Examples（示例）菜单中选择 Examples。

3. 选择 1. Basics。

4. 从这个菜单中选择 Blink。

Arduino IDE 就会打开 Blink 示例程序。

如果没有安装 IDE，你可以打开名为 *Blink.ino* 的文件，内容如下：

```
/*
Blink
Turns on an LED on for one second, then off for one second,
repeatedly.
This example code is in the public domain.
*/
void setup() {
  //initialize the digital pin as an output.
  //Pin 13 has an LED connected on most Arduino boards:
  pinMode(13, OUTPUT);
}
void loop() {
```

```
digitalWrite(13, HIGH);     //set the LED on
delay(1000);                //wait for a second
digitalWrite(13, LOW);      //set the LED off
delay(1000);                //wait for a second
}
```

Ardunio 语言是 C++ 的一个子集，所以我们使用 Arduino 特定函数与基本语法，结合标准的 C++ 代码来开发应用程序。

之前的程序包含了两个函数：void setup( ) 和 void loop( )。

在函数 void setup( ) 中，我们能够看到一行 pinMode(13, OUTPUT) 语句。这条语句告诉应用程序，Arduino 电路板上的引脚 13 被设置成输出模式。如果引脚 13 连接到 LED 这样的设备，我们可以控制它打开或关闭。

我们看到的第二个函数是 void loop( )，这个函数将会不断地重复执行，所以在这个函数中的每条语句都会在一个循环中不断地运行。在 void loop( ) 中，我们可以看到 digitialWrite(13, High) 和 digitalWrite(13, LOW) 这两行代码，控制 LED 打开或关闭，从而产生闪烁的效果。delay(1000) 语句的作用则是在 LED 两种不同的开关状态之间产生 1s 的延时，使得 LED 不至于闪烁得太快。

Arduino 编程语言支持很多特性，你可以在 Arduino 在线文档中找到这些特性的完整列表：

http://arduino.cc/en/Reference/HomePage

现在，我们已经简单了解了让 Arduino 闪烁的代码，接下来我们将通过示例展示 RaspberryPi 及其连接的 LED 是如何工作的。

3.3　arduPi：Raspberry Pi-Arduino 扩展板的开发库

为了能在 Arduino 扩展板上运行之前提到的让 LED 闪烁的例程（Blink），我们首先需要安装由 Cooking Hacks 开发的 arduPi 库。这个库可以让我们编写 Arduino 应用程序，并把它用在 Raspberry Pi 上，而不需要单独的 Arduino 微控制器，如 Uno 电路板。

下面让我们来安装库并看看它的内容吧。

安装 arduPi

在之前的章节中，我们知道了如何识别使用的是哪个版本的 Raspberry Pi。基于这个版本号，我们将要下载一两个包含 arduPi 库的文件。

 你可以通过运行 /proc/cpuinfo 来查看版本号。

打开终端窗口，并在 Raspberry Pi 中创建一个新的文件夹，我们将定位到这个文件夹，并在这个文件夹中安装 arduPi。

```
mkdir arduPi
cd arduPi
```

如果你的 Raspberry Pi 是第 1 版的，请运行如下指令：

```
wget http://www.cooking-hacks.com/skin/frontend/default/cooking/
images/catalog/documentation/raspberry_arduino_shield/arduPi_rev1.
tar.gz
```

如果是第 2 版的，就需要下载适用于第 2 版的 gzip 文件。

```
wget http://www.cooking-hacks.com/skin/frontend/default/cooking/
images/catalog/documentation/raspberry_arduino_shield/ arduPi_rev2.
tar.gz
```

wget 执行完成后，会把下载的 tar.gz 文件保存在当前文件夹下。

在终端里运行如下命令，把命令中的 <revision version> 换成你下载的 *tar.gz* 的相应版本。

```
tar xzf arduPi_<revision version>.tar.gz
```

例如：你下载的是第 1 版的文件，可以在终端里键入如下命令：

```
tar xzf arduPi_rev1.tar.gz
```

文件解压缩后，你将会在当前文件夹中找到 3 个新文件。

输入如下命令列出文件夹里的内容：

```
ls
```

你会看到 3 个文件：*arduPi.cpp*、*arduPi.h* 和 *arduPi_template.cpp*。在 *arduPi.cpp* 和 *arduPi.h* 中，包含了用来支持 Raspberry Pi-Arduino 扩展板交互

的一些代码，而 *arduPi_template.cpp* 则提供一个基本的模板文件，你可以参考它来创建应用程序。为了让计算机可以运行这些程序，我们需要把 *arduPi.cpp* 编译成目标文件，这个工作是通过 C++ 编译器完成的。

在命令行下，键入如下指令：

```
g++ -c arduPi.cpp -o arduPi.o
```

这个指令调用了名为 g++ 的编译器，把 *arduPI.cpp* 作为输入文件，而输出文件则是被称为 *arduPi.o* 的目标文件。

现在，我们已经有了编译完成的代码，让我们来看一下模板文件。

文本编辑器——Leafpad

Leafpad 是一款简单的开源文本编辑器，它的作用类似于 Windows 下的记事本（Notepad）或 Mac 下的文本编辑器（TextEdit）。它在 Raspbian 下已经预装，所以我们无须任何设置就可以直接使用。

你可以通过如下的方式运行 Leafpad。

1. 单击位于 Raspbian 任务栏左下方的 Start（开始）按钮。

2. 在 Start 菜单中选择 Accessories（附件）。

3. 在 Accessories 列表里选择 Leafpad。

Leafpad 现在就被打开了，同时默认打开了一个空白文档。

在 File（文件）菜单下找到 Open（打开），载入 *arduPi_template.cpp* 文件。*arduPi_template.cpp* 文件的内容如下：

```
//Include ArduPi library
#include "arduPi.h"

//Needed for Serial communication
SerialPi Serial;
//Needed for accesing GPIO (pinMode, digitalWrite, digitalRead,
//I2C functions)
WirePi Wire;
//Needed for SPI
SPIPi SPI;

/*************************************************************
 *IF YOUR ARDUINO CODE HAS OTHER FUNCTIONS APART FROM      *
 *setup() AND loop() YOU MUST DECLARE THEM HERE            *
 *************************************************************/
```

```
/***************************
 *YOUR ARDUINO CODE HERE  *
 ***************************/

int main (){
  setup();
  while(1){
    loop();
  }
  return (0);
}
```

在这个文件中，我们看到有些内容和之前打开的那个 *blink.ino* 文件类似，主要区别是这里多了一个 int main( ){ } 函数。

在这个函数里，我们将引用之前的 Arduino 函数来创建一个应用程序，正如你之前看到的代码片段中有一个 setup( ) 函数和一个 loop( ) 函数。

文件顶部 #include 的作用是引用 arduPi 的库文件，这个库里是一些专门为 arduPi 编写的代码和一些标准函数，如下面在 Blink 程序里用到的 digitalWrite( )。

当需要写自己的代码时，你可以先拷贝模板里的内容，然后修改 setup( ) 和 loop( ) 函数，写入你所需要的代码。

下面，我们将用 arduPi 这个模板，结合 Blink 示例（LED 闪烁）来创建应用程序。

3.4　例程——闪烁 LED

下一步就是利用之前模板中的代码和 Blink 代码，并对其稍加修改，并结合之前的连线工作，来生成我们第一个应用程序。

正如我们学习程序语言里的第一个程序"Hello World"那样，这个闪烁 LED 程序会把你带入一个新的编程领域。

打开 Leafpad，在 *blink_test.cpp* 中输入如下代码：

```
//Include ArduPi library
#include "arduPi.h"
```

```
//Needed for Serial communication
SerialPi Serial;

//Needed for accessing GPIO (pinMode, digitalWrite, digitalRead,
//I2C functions)
WirePi Wire;

//Needed for SPI
SPIPi SPI;

int main (){
  setup();
  while(1){
    loop();
  }
  return (0);
}

void setup(){
  pinMode(2,OUTPUT); //set pin 2 on the shield as an output
}

//This function will run in an infinite loop
void loop(){
  digitalWrite(2,HIGH);    //turn the LED on
  delay(1000);             //wait a second
  digitalWrite(2,LOW);     //dim the LED
  delay(1000);             //wait another second
}
```

现在让我们仔细学习一下这份代码，看看应用程序都做了些什么。

代码指南

我们简单回顾一下在创建闪烁 LED 例程中所用到的语句，这些语句看上去或许与 *arduPi_template.cpp* 和之前那个名为 Blink 的 Arudino 例程有些相似。

首先是注释部分，注释的作用是为了标注代码，提高代码的可读性，并不会被编译器执行，在它的前面必须有两条斜线 "//" 或在其头尾用 "/*" 和 "*/" 标注。如：

```
//Include ArduPi library
```

我们可以在代码中使用注释，说明每个函数的作用。这些注释遍及整个代码始终，建议你在写自己的程序时，需要时也使用注释来标注，在你重新回顾代码时也可以有效起到提醒的作用，尤其是在过了一段时间之后。

接下来，在文件的顶端是 include 语句。

```
#include "arduPi.h"
```

这告诉 g++ 编译器，在编译和生成程序时，需要把名为 *arduPi.h* 的头文件包含进代码里。只有包含了这个文件，我们才可以在后面的代码里使用 Arduino 函数，如：

```
//Needed for accessing GPIO (pinMode, digitalWrite, digitalRead,
//I2C functions)
WirePi Wire;
```

这段代码允许我们调用函数来读写扩展板上数字引脚的值。在这个 LED 的例子里，我们需要使用这个函数来给扩展板的数字引脚 2 赋值。接下来的主函数，先调用 setup( ) 进行初始化，然后把 loop( ) 函数放在 while 的无限循环里不断执行。

setup( ) 函数里只有一条初始化语句，它把扩展板上的数字引脚 2 设为输出状态，也许你还记得，在本章开始搭建硬件环境时，我们把扩展板上的数字引脚 2 连到了 LED 较长的引脚。

下面来看看 loop( ) 函数，这个函数在 main( ) 函数中的 while 循环里被调用。在 loop 函数中，像我们之前看到那个 Blink 示例里那样，一共有 4 条语句，其中的 2 条负责将 LED 打开或关闭，而其他的负责产生 1s 的延时，这样 LED 才能产生闪烁的效果。

我们已经完成了控制 LED 的应用程序，现在需要将它保存，以便编译和运行。

在 Leafpad 的菜单中，选择 **File**（文件）→ **Save As**（另存为），定位到与 arduPi 库和模板程序相同的文件夹下，将文件命名为 *blink_test.cpp* 并保存。然后，通过终端窗口退出 Leafpad，定位到之前创建的 arduPi 文件夹，在该文件夹下可以看见刚刚创建的名为 *blink_test.cpp* 的文件。

现在，已经保存了应用程序，下面我们来编译和运行。

编译和运行应用程序

如果你目前还没有一个可用的终端，就请打开一个新的终端窗口。

在窗口中，首先确保当前位于 arduPi 文件夹，然后在该文件夹下执行如下命令：

```
g++ -lrt -lpthread blink_test.cpp arduPi.o -o blink_test
```

这样 g++ 编译器就将编译 *blink_test.cpp* 文件并与 *arduPi.o* 文件链接在一起，然后生成二进制文件 *blink_test*。

这样，程序就编译好了，下一步也是最后一步——运行。在终端窗口中输入如下命令：

```
sudo ./blink_test
```

你将会看到，面包板上的 LED 开始以 1s 的间隔开始闪烁。

 按 Ctrl+C 可以随时终止和退出应用程序。

如果 LED 开始闪烁，说明你已经正确安装了硬件并成功编译了程序！

祝贺你！你已经用 Arduino 编程语言写出了你的第一个应用程序，并且成功编译和运行。

现在，你已经了解了基础的知识，通过学习探索，成功地把信号输出到扩展板的引脚，接下来我们可以开发更复杂的项目。

3.5　小　结

在本章中，我们安装了 Raspberry Pi-Arduino 扩展板。

并且，为下一步的项目安装了与 Arduino 扩展板交互的软件库。你也已经初步认识了 Arduino 编程语言和 C++，学会了如何编译代码。

然后，我们完成了一个将 LED 打开和关闭的应用程序。

目前，我们有了控制连接在 Raspberry Pi-Arduino 扩展板上组件的基础，下面将开始我们的第一个智能家居项目——制作一个温度计。

第**4**章

开始第一个项目：简单的温度计

首先，准备好你的 Raspberry Pi-Arduino 扩展板，我们就可以开始创建项目了。

在本章中，我们会用 Raspberry Pi-Arduino 扩展板来创建我们的第一个项目——温度计。

在本章里，你需要如下硬件：

- Raspberry Pi
- Raspberry Pi-Arduino 扩展板
- 热敏电阻
- 连接和测试 LED 的面包板
- 导线
- 10kΩ 电阻

从软件角度来看，还将向你介绍 Geany IDE 和 Linux 中的 make 命令。通过使用这些工具，我们就可以编写一个应用程序，把电路中读取到的电阻值转换成 3 种不同的温度形式——摄氏度、绝对温度（开尔文）和华氏度。

本章所涉及的关键概念将会作为下一章内容的基础知识，并在下一章进一步深入展开，在下一章里我们会把温度计改造成恒温器。

4.1　制作一个温度计

温度计是用来记录温度和温度变化的装置。

温度计的起源要追溯到几个世纪之前，它已经经历了很多年的演变。传统的温度计通常由玻璃制成，玻璃管里注入水银等液体，通过观测它们在玻璃管里的升降，就可以指示出相应的华氏或摄氏温度值。

随着微电子技术的发展，我们自己就能够制作数字温度计。它可用于检测你房子里某个区域的温度，如检测车库的温度；它也可以用于监控某些对温度有要求的场所的实际温度，如酒窖。

我们的温度计将会把读取到的数值返回到 Raspberry Pi，然后显示在终端窗口。

让我们开始搭建温度计的硬件吧。

搭建硬件环境

在本章里，你会用到很多组件，如果你愿意，可以把组件焊接到扩展板上。当然，如果你打算在下一章的项目里使用同样的组件，你也可以用面包板来连接它们。

另外，你也可以选择购买已经焊接好以上全部器件的电子开发板。

我们假设你购买了分立的电子组件，并将讨论安装的过程。

我们建议，在连接组件尤其是在焊接组件时，将 Raspberry Pi 的电源关闭。

如果在设备电源打开的状态下进行焊接，熔化的锡可能会意外飞溅到电路板上未连接的区域，引起短路，造成损坏。在电源关闭的状态下焊接，你可以用焊锡清理工具清除之前的错误。

电　阻

让我们先快速了解一下电阻，它究竟是做什么的。

电阻是一种有两个引脚（又叫"端子"）的电子组件，它可以减少电路里流过某点的电流大小，减少电流的能力大小称作**阻值**。

阻值的单位是**欧姆**（Ω）。想进一步了解它是如何计算出来的，你可以阅读维基百科：*http://en.wikipedia.org/wiki/Ohm's_law*。电阻一般分为两类，固定电阻和可变电阻。

一般我们在市面上遇到的固定电阻，内部是由碳膜制成的，它的阻值通过电阻上的色环表示。

可变电阻的阻值可以随着周围环境的属性发生变化。在本书中，我们将会探索它们中的一部分。

现在让我们来考察这两种类型的电阻，我们将在电路中使用一个热敏电阻和一个 10kΩ 固定电阻。

热敏电阻

热敏电阻是一种电子组件，把它接入电路后，可以用来测量温度，因为其阻值会随温度的变化而改变。热敏电阻在各种各样的设备中均有应用，其中包括恒温器和电子温度计。

热敏电阻可以分为两类：负温度系数（Negative Thermistor Coefficient，NTC）和正温度系数（Positive Thermistor Coefficient，PTC）电阻。它们区别在于，当温度升高时，负温度系数电阻的阻值会降低，而正温度系数电阻的阻值会增加。

在本项目所要搭建的设备中，我们主要关心热敏电阻的两个指标：在室温（25℃）下的阻值和该热敏电阻的 β 系数。热敏电阻的 β 系数指的是该电阻的阻值随周围环境温度变化而变化的系数。购买热敏电阻时，你应该可以从电阻附带的数据表中查到这两个值。如果不确定热敏电阻的阻值，可以用万用表在室温下测量。例如，如果你购买了一只 10kΩ 的热敏电阻，用万用表测得的读数就大约为 10kΩ。在我们的这个项目里，建议你购买一只 10kΩ 的热敏电阻。

10kΩ 电阻

10kΩ 电阻和刚刚提到的热敏电阻不同，它有恒定的阻值，这个阻值不会随温度的变化而变化，所以我们把这类电阻称为固定电阻。在固定电阻上有几道色环，购买固定电阻时可以通过电阻上的色环读出其阻值。如果你还不清楚色环是如何表示电阻阻值的，可以参考维基百科：

http://en.wikipedia.org/ wiki/Electronic_color_code#Resistor_color_coding

在我们所搭建的电路部分，所用到的 10kΩ 电阻起的作用是将变化的阻值转换成电压信号，以便 Raspberry Pi 上的模拟输入引脚读取。

导 线

本项目中会用到 3 根导线，一根用来连接扩展板上的 5V 电源引脚，一根接地，还有一根接模拟输入引脚 A0。

习惯上一般使用红线、黑线和黄线，红线用来连接 5V 引脚，黑线接地，黄线接模拟输入引脚 A0。

面包板

与上一章中连接 LED 一样，我们会用面包板将各个组件彼此相连。

连接组件

用各个组件将温度计搭建起来其实并不太难，如果你需要以后再次使用这些组件，就不用将它们用烙铁焊接。

参考以下几个步骤，就可以将组件按照正确方式连接。

1. 用红线将扩展板的 5V 引脚和面包板上的供电总线相连。

面包板上通常会有两条总线，它们分别位于板子的两条长边，通常标以红色和蓝色的线条，红色线条一般表示电源正极，蓝色表示接地。

2. 接下来，将扩展板与面包板的地线用黑线相连。

3. 下面我们将连接电阻部分，将 10kΩ 电阻的一端连接到面包板的红色供电总线，另一端则插在纵向的端子排。

端子排位于面包板的中部，用以连接电子组件。

4. 放置好电阻后，接下来我们来放置热敏电阻。

5. 把热敏电阻的一个引脚插入面包板的地线，另一个插入刚刚插入了一个电阻引脚的端子排。

6. 这样，热敏电阻就与固定电阻通过端子排连接在一起了，这个连接点就有我们需要测量的电压。下面来进行最后一步，将模拟输入引脚与该端子排相连。

7. 最后，我们用黄线将扩展板的模拟输入引脚 A0 与端子排上的电阻相连。

最终检查

这样，电路已经连接好了。在打开电源之前，我们需要检查所有组件是否都连接正确，请依照图 4.1 确认。

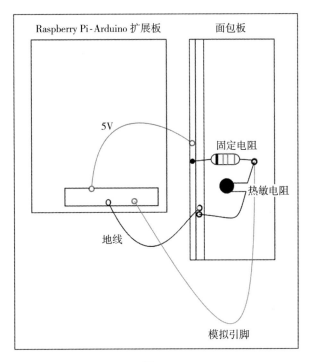

图 4.1

如果确认无误，则表明我们已经完成了温度计电路的搭建，下面就可以打开 Raspberry Pi 的电源了。

当然，如果我们没有软件的配合，这个电路仅仅是一堆电子组件，我们在屏幕上并不能读取到温度值。

所以，下面我们要开始本项目的软件部分。

4.2　温度计的软件

我们已经拥有了温度计的硬件，现在需要编写相应的代码，将热敏电阻采集到的电压数据转换成温度数据（摄氏度或华氏度）以便读取。

首先，让我们来看看新的代码编辑应用程序，通过这个 IDE 可以开发运行在 Raspberry Pi X Window 环境上的代码，这些代码用 Makefile 编译，首先将要介绍的是 Geany IDE。

Geany IDE

Geany 是一个轻量级 Linux 集成开发环境，它可以安装在 Raspbian 上，并且可以使用 Arduino/C++ 编程语言来编写代码。使用这个 IDE 的另一个好处就是，它可以设置自定义的 Makefile 文件，并通过命令行的方式编译 arduPi 的工程。

结合 Makefile 和 Geany，我们就有了类似 Arduino IDE 那样功能的 IDE。它的方便之处在于，在保存文件时，我们不用重命名它们，只需一个点击就可以完成应用程序编译工作。

安装 IDE

我们将通过 Raspberry Pi 上的 apt-get 工具来安装 Geany。

1. 首先打开终端窗口，在目录提示符下运行以下命令：

```
sudo apt-get install geany
```

2. 系统将会提示你 Geany 会占用一些磁盘空间，按 Y 键选择同意并继续。

3. 当安装完成后，Geany 将会出现在 **Programming**（编程）菜单的选项中。

4. 在菜单里选择 Geany 图标进入应用程序。

5. 程序启动完成后，会出现代码编辑窗口。

6. 标准工具栏会出现在屏幕顶端，工具栏中有 **File**（文件）菜单，你可以用它来打开和保存你工作所用到的文件，除此之外还有 **Edit**（编辑）、**Search**（搜索）、**View**（查看）、**Document**（文档）、**Project**（工程）、**Build**（编译）、**Tools**（工具）和 **Help**（帮助）等菜单。

7. 在屏幕左边的窗口里，有着一些特殊功能的按钮。比如，你可以通过它们在编辑代码时直接跳转到函数。

8. 屏幕下方的工具条则会显示程序编译时的一些信息，调试代码时这里会显示错误信息，对调试很有帮助。

Geany 有着数量众多的广泛特性，但这些特性并不在本书的讨论范围之内，如果你想进一步了解，可以在 Geany 官方网站（*http://www.geany.org/*）上找到该 IDE 的全面指南。

对于我们这个应用程序的开发阶段，只需要了解创建新文件、打开文件、保存文件和编译文件。

我们所需要的选项分别位于 File(文件)和 Build(编译)菜单中,放松一下,让我们开始来探索它吧。

为了能使用 Build 菜单中的编译选项，我们需要创建一个 Makefile 文件,下面就来看看如何创建它。

Makefile 文件介绍

下面使用到的工具就是 Makefile, Makefile 文件是通过 Linux 命令 make 执行的一种文件。Makefile 中存储着编译时的一些参数,在编译可执行代码时,可以根据需要调用。通过这种方式，我们可以存储常用的编译指示，可以很方便地复用，不用每次都键入这些指令。

之前我们已经了解到，在编译 LED 示例的代码时，可以使用如下指令 :

```
g++ -lrt -lpthread blink_test.cpparduPi.o -o blink_test
```

我们可以将这个指令存储在 Makefile 里，并与源代码放在同一目录下。这样，编译时只需要键入如下一个简单的命令就可以完成编译工作 :

```
make
```

我们可以试着为上一章所写的代码编写 Makefile 文件，如果你还没有启动 Geany，请在 Programming 菜单里打开它。然后，通过 File 菜单里的 New 创建一个新文件，将如下几行命令添加到 Blink_test/Makefile 文件里。请注意，第 2 行的缩进请用 Tab 键完成。

```
Blink: arduPi.o
  g++ -lrt -lpthread blink_test.cpparduPi.o -o blink_test
```

如果没有在第 2 行编译指令前加上 Tab，Makefile 就不能正确执行。

这样，Makefile 文件就创建好了，我们可以通过如下方式保存和运行它。

1. 在 File 菜单下，选择 Save。

2. 在 **Save** 对话框里，把目录定位到 *blink_test.cpp* 同一目录下，将文件名改成 Makefile，保存。

3. 打开刚刚保存 Makefile 的那个目录中的 *blink_test.cpp* 文件，按 **Build** 菜单下的 **Make** 来测试我们刚刚写的 Makefile。

在 IDE 底部的状态条中，你可以查看 Makefile 是否被成功执行。

4. 在终端窗口里，指向包含 *blink_test* 的工程目录，你可以找到刚刚编译生成的 *blink_test* 文件。

5. 如果你手头仍然有 LED，将它接在扩展板上，通过命令行键入如下命令运行该程序：

```
./blink_test
```

这样 LED 就应该开始闪烁了。

希望通过上面的例子你可以看到，将 Makefile 集成到 IDE 里可以让我们很方便地编写和编译代码。同样，在项目变得复杂后，这样的优势会更加凸显。

一旦所写的记录温度读数的代码完成，我们将重新审视 Makefile，创建一个自定义 Makefile，并通过 Geany 来创建温度计应用程序。

现在我们已经安装好了 Geany，并且简单了解了 Makefile，下面就让我们开始编写应用程序。

温度计的代码

与之前的 LED 程序一样，我们将会用 arduPi 库来编写代码。在代码编写过程中，我们不但会使用标准 Arduino 和 C++ 语法，而且还会涉及一些计算，用于返回我们需要的结果。

为了将从电路上采集到的电压值转换成我们可以理解的温度值，我们将会用到一个方程式，它可以将热敏电阻的电阻值换算成温度值，这个方程称为 Steinhart-Hart 方程。

通过 Steinhart-Hart 方程模型编写成应用程序中的代码，我们就可以将测量到的热敏电阻在不同温度环境下的阻值，变成可以阅读的开尔文、华氏或摄氏等温度值。在这个程序中，我们将使用这个方程的一个简化版本（称为 B 参数方程），用热敏电阻的数据表所提供的值，来填充计算所需的常数。

在这个简化版本的方程式里，我们只需要了解以下参数。

- 当前的室温，用开尔文表示。
- 热敏电阻的电阻温度系数（通常可以在热敏电阻的手册中可以找到）。
- 室温下，热敏电阻的阻值。

我们使用 Grany 来编写我们的应用程序，如果你还没有打开它，请将它启动。

编写应用程序

从 Grany 的 **File**（文件）菜单中，创建一个新的空白文件，这是我们将要添加 Arduino 代码的地方。如果你现在保存了文件，Geany 语法将会高亮显示触发，以方便代码阅读。

打开 Geany 上的 **File** 菜单并选择 **Save**（保存）。在 **Save** 对话框中，切换到 arduPi 目录，将文件命名为 *thermometer.cpp* 并保存。我们将使用 *arduPi_template.cpp* 作为项目的基础，并在此基础上加入我们的代码。

在文件一开始的位置，我们需要加上 include 语句来载入所需的库和头文件，以及在应用程序里会用到的一些常数值作为存储键值。在 Geany 里将如下代码片段输入刚刚建好的名为 *thermometer.cpp* 的空白文件里：

```
//Include ArduPi library
#include "arduPi.h"
//Include the Math library
#include <math.h>

//Needed for Serial communication
SerialPi Serial;

//Needed for accessing GPIO (pinMode, digitalWrite, digitalRead,
//I2C functions)
WirePi Wire;

//Needed for SPI
SPIPi SPI;

//Values need for Steinhart-Hart equation
//and calculating resistance.
#define TENKRESISTOR 10000 //our 10K resistor
#define BETA 4000 // This is the Beta Coefficient of your thermistor
#define THERMISTOR 10000 //The resistance of your thermistor at room
```

```
//temperature
#define ROOMTEMPK 298.15    //standard room temperature in Kelvin
//(25 Celsius).
//Number of readings to take
//these will be averaged out to
//get a more accurate reading
//You can increase/decrease this as needed
#define READINGS 7
```

你也许会发现有些代码和之前 arduPi 模板里的有些像，不过我们还添加了自己定制的一些代码。比如，这些定制的代码中引用了 Math 库。

C++ 里的 Math 库包含了一些可复用的复杂的数学函数以供调用，这样就避免了从头编写这些函数。正如你在稍后的程序中将会看到的，我们在计算开尔文温度时将会调用 log( ) 函数来进行对数运算。

以下是一些常量，我们使用 #define 语句来初始化它们。

- TENKRESISTOR：这是你加入到电路板中的 10kΩ 电阻的阻值。正如你所看到的那样，我们已将这个值设为 10,000。
- BETA：这是热敏电阻的 β 系数。
- THERMISTOR：热敏电阻在室温下的阻值。
- ROOMTEMPK：用开尔文表示的室温，298.15K 相当于 25℃。
- READINGS：我们会从模拟引脚读取 7 次数值并求平均值，以便获得更准确的读数。

 本项目中所用到的 10kΩ 热敏电阻的 β 系数是 4000，你可以根据所选用的热敏电阻的不同进行调整。

我们已经定义好了一些常量，引用了一些必需的库，现在就开始添加程序的主体吧。

在 *arduPi_template.cpp* 文件里，已经包含了可以让程序开始运行的主函数的框架。

```
/****************************************************************
 *IF YOUR ARDUINO CODE HAS OTHER FUNCTIONS APART FROM      *
 *setup() AND loop() YOU MUST DECLARE THEM HERE            *
 ****************************************************************/
```

```
/************************
 *YOUR ARDUINO CODE HERE  *
 ************************/

int main (){
  setup();
  while(1){
    loop();
  }
  return (0);
}
```

 别忘了，你可以使用 // 或 "/*"、"*/" 来注释代码。

这里引用了 setup( ) 函数和 loop( ) 函数，所以我们需要声明它们，并为这些声明定义相应的代码。

在 main( ) 函数的下方，添加如下代码：

```
void setup(void) {
  printf("Starting up thermometer \n");
  Wire.begin();
}
```

这样运行 setup( ) 函数时，就可以在屏幕上打印一条信息，表明程序已经开始运行。接着调用 Wire.begin( ) 函数，这个函数让我们能够与模拟引脚交互。

下一步，我们来给 loop( ) 函数定义一些以后会用到的变量。

```
void loop(void) {

  float avResistance;
  float resistance;
  int combinedReadings[READINGS];
  byte val0;
  byte val1;

  //Our temperature variables
  float kelvin;
  float fahrenheit;
  float celsius;
```

```
int channelReading;
float analogReadingArduino;
```

可以看到，在上面这段代码里，我们定义了一些变量，这些变量可以分成如下两部分。

- 电阻值读取：float avResistance、float resistance、byte val0 和 byte val1。变量 avResistance 和 resistance 在程序执行期间记录电阻的计算结果，变量 val0 和 val1 则用于存放从扩展板的模拟引脚读到的值。
- 温度计算：float kelvin、float fahrenheit 和 float celsius。正如它们的名字，它们用于记录 3 种不同单位的温度值。

在声明完这些变量之后，我们需要访问模拟引脚，并从它那里读取测量数据。

将如下代码复制到 loop 函数里：

```
/*******************
ADC mappings
Pin Address

0    0xDC
1    0x9C
2    0xCC
3    0x8C
4    0xAC
5    0xEC
6    0xBC
7    0xFC
*******************/

//0xDC is our analog 0 pin
Wire.beginTransmission(8);
Wire.write(byte(0xDC));
Wire.endTransmission();
```

这段代码的主要功能就是初始化模拟引脚 0，代码的注释里列出了所有引脚的地址，如果你愿意，可以用其他任何一个模拟引脚来采集测量数据。

我们使用的是引脚 0，现在可以从它上面采集读数了。为了得到正确的数据，我们需要一次从引脚上读 2 个字节的数据，为此这里使用 for 循环来实现。

Raspberry Pi-Arduino 扩展板不支持 Arduino 编程语言的 analogRead( ) 和 analogWrite( ) 函数。所以，我们需要使用 Wire 命令和此代码的注释中提供的地址表来读取数据。

将以下 for 循环放入之前的代码里：

```
/* Grab the two bytes returned from the
   analog 0 pin, combine them
   and write the value to the
   combinedReadings array
*/

for(int r=0; r<READINGS; r++){
  Wire.requestFrom(8,2);
  val0 = Wire.read();
  val1 = Wire.read();
  channelReading = int(val0)*16 + int(val1>>4);
  analogReadingArduino = channelReading * 1023 /4095;
  combinedReadings[r] = analogReadingArduino;
  delay(100); }
```

这样，我们就完成了一个循环，这个循环可以将模拟引脚上的数据采集出来以便我们处理。

在 requsetFrom( ) 函数中，传入的第 2 个参数表明我们需要从引脚读取的字节数，这里是 2。接着我们将这两个数合在一块，并将它写入一个数组，最终采集 7 次数据并求平均值。

你也许会注意到，我们把 2 个字节拼合成一个整型的计算过程，该计算将 2 个字节转换成 10 位分辨率的模拟量。如果你在 Arduino UNO 上搭建相同的电路，你会发现这样与 Arduino UNO 上 analogRead( ) 函数返回值的结果是一样的。

在计算完成后，我们在数组里存储了 7 次采集到的值。

有了这些值后，下面要计算出采集数据的平均值。为此，我们使用 for 循环遍历整个数组里的读数，并将它们的值相加，最后除以采集的次数。采集的次数由 READINGS 定义。

下面就是完成以上步骤的 for 循环：

```
//Grab the average of our 7 readings
//in order to get a more accurate value
avResistance = 0;
for (int r=0; r<READINGS; r++) {
  avResistance += combinedReadings[r];
}
avResistance /= READINGS;
```

到目前为止，我们已经获取了读数，现在可以计算出的它的阻值了。为此，我们需要 avResistance 的值、10kΩ 热敏电阻的阻值，以及热敏电阻在室温下的阻值。

添加下面的代码执行此计算：

```
/* We can now calculate the resistance of
   the readings that have come back from analog 0
*/
avResistance = (1023 / avResistance) - 1;
avResistance = TENKRESISTOR / avResistance;
resistance = avResistance / THERMISTOR;
```

下面，我们将热敏电阻的阻值转换成温度。这部分代码，利用简单版本的 Steinhart-Hart 方程。在此方程中的结果是开尔文环境温度。

接下来，添加下面的代码块：

```
//Calculate the temperature in Kelvin
kelvin = log(resistance);
kelvin /= BETA;
kelvin += 1.0 / ROOMTEMPK;
kelvin = 1.0 / kelvin;
printf("Temperature in K ");
printf("%f \n",kelvin);
```

现在，我们已经得到用开尔文温度，并把结果打印到了屏幕上，下面把这个值转换成两种更常见的温度格式——摄氏度和华氏度。

现在是简单的摄氏度的计算过程：

```
//Convert from Kelvin to Celsius
celsius = kelvin -= 273.15;
printf("Temperature in C ");
printf("%f \n",celsius);
```

现在摄氏度也计算出来了，并且打印到了屏幕上，接下来我们把它转换成华氏度：

```
//Convert from Celsius to Fahrenheit
fahrenheit = (celsius * 1.8) + 32;
printf("Temperature in F ");
printf("%f \n",fahrenheit);
```

太好了，3 种格式的温度都计算出来了。在完成应用程序之前，我们在封闭 loop( ) 函数的括号前，添加 3s 的延时。

```
//Three second delay before taking our next reading
delay(3000);
}
```

这样，采集温度的小程序就完成了，现在我们来编译和测试它能否正常工作。

在编译前，别忘了保存文件，确保我们之前添加的代码都保存到了 *thermometer.cpp* 文件里。

下一步就是要为我们的温度计应用程序创建一个 Makefile 文件。如果之前在 arduPi 目录下保存了 blink_test 的 Makefile，你可以重新使用这个文件，也可以按照前面的步骤来创建一个新文件。

把下面的代码放置到你的 Makefile 文件中：

```
Thermo: arduPi.o
  g++ -lrt -lpthread thermometer.cpp arduPi.o -o thermometer
```

将文件名保存为 Makefile。

现在就可以编译和测试我们的应用程序了。

编译和测试

在之前有关 Grany 集成开发环境的讨论中，我们演示了如何在 IDE 内部运行 make 命令。现在，我们已经设置好了 Makefile 文件，让我们来测试一下。

1. 在 Bulid 菜单里选择 Make。

屏幕的底端会出现一个编译窗口，告诉你代码里有没有格式、拼写或其他错误。如果一切正常，程序会输出一个名为 thermometer 的文件。这个文件是可执行文件，我们可以运行它并查看当前的温度。

2. 在终端窗口里，定位到 arduPi 文件夹下，然后找到 thermometer 文件。

3.运行这条命令启动程序：

```
sudo ./thermometer
```

现在，温度计的应用程序已经启动了，你会在终端内看到图 4.2 中的文本。

图 4.2

在确保安全的前提下，你可以试着改变热敏电阻的温度，如把它放到冷水中，或者用电吹风加热，并观察屏幕上温度值的变化。

如果你有恒温器或其他记录房间温度的设备，也可以比较它们的值的差别，看看自己制作的温度计的准确度。

在运行应用程序时，你可以在命令后面加上"&"将它放在后台运行。例如，在我们这个应用程序里，你可以输入 sudo ./ thermometer &，输出的结果将会打印到屏幕上，如果尝试在同一个终端窗口中输入，你输入的东西可能会与程序的输出混杂在一起。如果想终止这个运行在后台的应用程序，你可以输入 fg 把它推到前台，然后按 Ctrl+C 中断它的运行。

如果程序不能正常工作

首先查看代码的编译过程是否正确，是否所有组件都正确连接好了，电路是否连接到了正确的引脚，组件本身是否有问题。

尽量仔细检查你的电路，根据本章开头的电路图，确保一切连接都正常，并没有意外脱落的情况发生。

如果你确定连接没有问题，可能是某个组件坏了，试着一次只替换一个组件，找出问题所在。

启动和运行

如果你看到程序成功地把温度输出，那么恭喜你，你现在有了一个基本的温度计。这将成为我们的下一个项目——恒温器的基础。

正如你所看到的，这个应用程序是非常有用的。但是，仅仅将温度输出到屏幕不是最好的方式，如果我们能够通过 Web 浏览器访问，或者在 LCD 屏幕上看到输出结果，那将是极好的例子。

现在，我们有一个用来记录温度的电路和对应的程序，这让很多其他想法变为可能：我们可以用记录下来的数据做些什么？除了保存记录外，我们还可以根据这些记录值来控制家里采暖设备的工作。

这一章应该已经激起了你的胃口，准备好做更大的项目了。

4.3　小　结

在本章中，我们学习了如何连接了两种新的组件——热敏电阻和电阻。我们的应用程序教我们如何使用这些组件来记录一个温度读数，而我们也渐渐熟悉了 Makefile 和 Geany IDE。

拥有这些基本技能后，我们可以继续完成更复杂的项目。在下一章中，你仍将使用这些组件，但对相关的程序进行扩展，实现更多的功能。

第 5 章

从温度计到恒温器：
升级第一个项目

在本章中，我们将在之前章节里学到的如何使用热敏电阻的基础上，着手建立一个恒温器。

我们将介绍如何利用温度数据将继电器打开或关闭。继电器是一种可以让你的 Raspberry Pi 的和高电压电子设备之间进行交互的主要组件。

我们用一个涉及风扇控制的项目来作为本章示例，当温度高于 15℃ 的设定值时风扇会被开启，当温度下降到低于 15℃ 时关闭。我们可以用冰块和吹风机或其他类似设备来改变热敏电阻的温度，触发风扇动作。

在本章完成后，你将拥有一个恒温器，除了例子里的风扇控制之外，你可以用它控制家中其他各种各样的设备。

最后，我们也将编写一些代码，将数据发送到数据库里，这个数据库我们将在第 6 章 "温度数据的存储：建立数据库来存储结果" 里创建。

在本章里，你将会用到：

- Raspberry Pi-Arduino 扩展板
- 我们在第 4 章 "开始第一个项目：简单的温度计" 所搭建的温度计。
- 与 Arduino 兼容的继电器（扩展板 / 组件）
- 小型低电压台式风扇
- 钢丝钳和剥线钳
- 可以使热敏电阻变冷和变热的方式，如一些冰块和吹风机。

5.1　安全注意事项

在本章中，我们将使用接入市电（通常为交流电）的装置——风扇。我们也将会断开风扇连接到插座的电缆，通过继电器来控制。

需要特别提醒的一点是，市电有一定的危险。在你尝试这个项目的风扇部分通电之前，必须 100% 确保所有连接都已经安全、无误。

选择适合你所在地区的电气系统的继电器也很重要。如果把一个 130V AC 继电器连接到 240V 交流电源系统，可能会烧毁你的设备或发生更糟糕的情况。

根据你居住的地区不同，市电的电压通常在 110 ~ 240V，在尝试开始这个项目之前，我们建议你阅读维基百科提供的关于市电的描述，了解你的电力系统。

http://en.wikipedia.org/wiki/Mains_electricity

现在可以开始尝试制作这个恒温器了。在最后一步接线前，如果你对自己的动手能力仍然没有足够的信心，可以到那时再放弃，也不会造成什么损失。以后当你拥有更多信心时，随时可以继续完成这个项目。

如上所说，让我们来研究一下恒温器是如何工作的吧。

5.2　恒温器简介

恒温器是一种控制装置，它可以根据设定的温度来控制其他设备。这个设定温度被称为**设定值**（Setpoint）。当温度超过或低于设定值时，它可以控制设备开启或关闭。

假设我们有一个简易的恒温器，用它控制一个电加热器，温度设定为 65℉（约 18.3℃）。

恒温器内部有一个温度传感装置，如热敏电阻，它可以每隔几秒返回当前的温度读数。当热敏电阻读取到的温度低于设定值时，恒温器就会把继电器打开，墙上插座与电加热器间的电路将会接通，开始为电加热器提供能源。这就是一个简单的、可用于开关各种设备的电子恒温器的基本原理。

Warren S. Johnson，美国威斯康星大学教授，被公认为在 19 世纪 80 年代发明了电子室温控制器。Johnson 将其毕生经历投入到了各种发明之中，也是一位多产的发明家，他的发明涉及包括电力在内的诸多领域，这些电子室温控制器逐渐在 20 世纪进入千家万户，在世界各地的电网上发挥着作用。

如今，随着开源电子工具，如 Raspberry Pi 和 Arduino 的发展和普及，我们可以为各种家居项目构建自定义恒温器。它可以用于地暖开关、控制加热灯，或打开空调。它也可用于以下场景：

- 鱼缸加热器
- 室内花园
- 电加热器
- 空调
- 风扇

现在，我们已经探讨了恒温器的作用，接下来开始我们的项目。

5.3 配置硬件

在这个项目里，我们会用到上一个项目里的温度计。温度计是恒温器的重要组成部分，我们用它来感知周围的环境温度，然后根据这个温度控制连接在 Raspberry Pi 上的设备打开或关闭。

下面要介绍的是继电器。

继电器简介

继电器是一种由电磁铁控制的开关，通过它我们可以用小功率设备控制大功率设备，如用 9V 的电源控制 220V 的市电。不同的继电器有着不同的额定电压和电流，如 Seeed Arduino 扩展板上的继电器可以控制最高 130V 的交流电。

继电器一般有 3 个接触点，即"常开"（Normally Open）、"公共端"（Common Connection）和"常闭"（Normally Closed），这 3 个触点中的两个将会与我们的风扇相连。在接下来的 Arduino 的项目里，我们还将会涉及"接地""5V电源"和用来控制继电器打开和关闭的"数字"引脚。

连接继电器

根据我们为 Raspberry Pi 购买的继电器的不同，将它们连接到 Arduino 扩展板也有几种方式，下面介绍的方法需要连接数字输入引脚、5V 电源和地。

为了能够使用继电器扩展板，我们将热敏电阻输入引脚由模拟引脚 0 改为模拟引脚 7，该引脚所在的区域一般不会被第三方扩展板使用。

按照以下步骤连接继电器。

1. 用导线将 Raspberry Pi-Arduino 扩展板的 5V 电源与继电器板的电源相连。

2. 如有必要，可以使用面包板，面包板上的电源电压共用端通过导线连接到主板。如果你正在使用继电器板，则引脚默认就会连接到 5V 电源。

3. 再用一根导线将扩展板的地线与继电器板的地线相连。同样，你也可以使用面包板作为中介，或者你正在使用继电器板，则引脚默认就已经通过排针连接好了。

4. 下面需要连接数字引脚，用一根导线将数字输出引脚，如引脚 4，连接到继电器，如果你使用的是扩展板，则所有涉及的数字输出引脚也已经连接好了。

5. 如果你的温度计尚未连接，请把它重新连接到扩展板，此时数据线所连的引脚应该是模拟输入引脚 7，而不是模拟输入引脚 0。

最后，如果需要外部电源，请将它连接好。

连接好的电路应该与图 5.1 类似。该电路组成了恒温器的核心。我们暂时先不把风扇连接到继电器，来看一看实现自恒温器所需的软件。

不过我们也会快速地测试一下继电器，以确保一切正确连接。

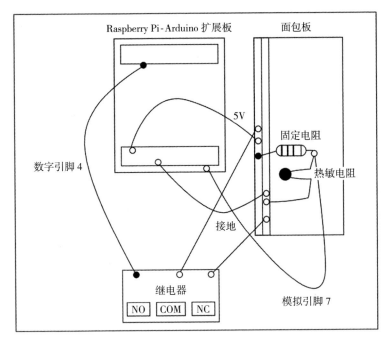

图 5.1

5.4 配置软件

编写一个简单程序，以打开和关闭连接到 Raspberry Pi 的继电器。一旦我们确定这个程序可以正常工作，就可以将我们在前面章节中所写的应用程序进行修改，加上控制继电器的打开和关闭部分，并实现 URL 发布数据到网站。

继电器测试程序

打开 Grany，添加名为 *Relay.cpp* 的程序，并将它与 arduPi 库文件放在同一个文件夹下。

```
//Include ArduPi library
#include "arduPi.h"

//Needed for Serial communication
SerialPi Serial;

//Needed for accesing GPIO (pinMode, digitalWrite, igitalRead,
//I2C functions)
```

```
WirePi Wire;

//Needed for SPI
SPIPi SPI;
/*************************************************************
 *IF YOUR ARDUINO CODE HAS OTHER FUNCTIONS APART FROM    *
 *setup() AND loop() YOU MUST DECLARE THEM HERE          *
 *************************************************************/

/************************
 *YOUR ARDUINO CODE HERE *
 ************************/

int main (){
  setup();
  while(1){
    loop();
  }
  return (0);
}

void setup(){
  pinMode(4,OUTPUT);
}

void loop()
{
  digitalWrite(4,HIGH);
  delay(1000);
  digitalWrite(4,LOW);
  delay(1000);
}
```

正如你所看到的，这个程序使用 *arduPi_template.cpp* 文件作为模板，你应该很熟悉了吧？

你也许会注意到，这个文件与之前的 *blink_test.cpp* 一样，除了用引脚 4 替换了原来的引脚 2。

在 setup() 函数中，我们声明数字引脚 4 为输出。在此之后的 loop() 函数，我们先打开再关闭继电器，每个命令之间有 1s 延时。保存这个文件，并创建一个新的空文件。我们将用这个文件作为 Makefile 文件。在新创建的文件里，添加以下内容：

```
Relay: arduPi.o
  g++ -lrt -lpthread Relay.cpp arduPi.o -o Relay
```

将此文件保存，取名为 Makefile，然后从 **Build** 菜单中运行它。编译完成后，你就可以用命令行运行 arduPi 目录中的该应用程序。

```
./Relay
```

仔细听，如果听到了"咔嗒"声——继电器打开和关闭的声音，这就表明继电器工作正常，可以继续进行恒温器的开发。接下来，我们要在 Raspbian 上安装一个名为"screen"的应用程序。screen 可以让我们在一个终端会话中运行多个"窗口"，这些窗口即使在终端会话关闭后也不会关闭。

例如，如果现在关闭了运行继电器应用程序的终端窗口，你会听到继电器停止了"咔嗒"声。理想情况下，我们希望能够关闭终端窗口或结束 Shell 会话时应用程序仍然可以继续运行。

安装 screen

screen 可以通过 apt-get 安装，在命令行下输入：

```
sudo apt-get install screen
```

screen 安装完成后，我们需要进行一些设置，以使其更易于使用。

打开 Geany，创建一个新的文件，并添加如下配置：

```
hardstatus on
hardstatus alwayslastline
hardstatus string "%{B}%-Lw%{c}%50>%n%f*%t%{-}%+Lw%<"
defmonitor on
shelltitle w # Rename with ctrl-a A
```

这些配置可以给我们创建 screen 会话中的每个"窗口"都设置标题，并在终端窗口的底部显示此标题。我们很快就能看到这个效果。

将此文件保存到主目录的根目录下，并取名为".screenrc"。在终端窗口中，键入以下命令：

```
screen
```

你会看到 screen 的欢迎信息，按空格键退出。然后，我们可以在 screen

内通过执行以下快捷键重命名此窗口会话：

- 先按 Ctrl + A 然后按 Shift + A

将此窗口命名为 Test screen。然后，按以下快捷键：

- Ctrl + A,C

这时 screen 将创建第二个窗口，重命名此窗口为 Thermostat。这时你的 screen 会话看起来应该像图 5.2。

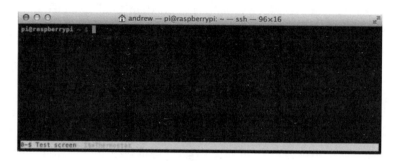

图 5.2

按下 Ctrl + A,N 可以在两个窗口之间切换。现在，你已经了解了如何创建窗口，将它们重新命名，并在它们之间切换。最后，关闭我们创建的 **Test screen** 窗口。首先切换到该窗口，然后键入 exit。该窗口将立即关闭，回到 Thermostat 窗口。

 按 Ctrl + A,D，可以把当前的 screen 会话放到后台运行。

如果需要重新连接到现有的屏幕会话，在命令行中键入 screen -r。需要了解 screen 更全面的说明文档，可以通过 man screen 命令。

如果需要加载多个应用程序，你可以创建一个新的屏幕，并在内部分别运行它们，这样就可以在它们之间切换，在必要时将其关闭。在进行恒温器应用程序的过程中，我们将演示如何在退出终端会话时，将运行的应用程序保留。

cURL

我们现在要简单了解一下 cURL。它原本的意思是 "URL 的客户端"（Client

for the URLs），它能够让我们通过代码去访问指定的 URL。

　　例如，想从 Python 脚本连接到一个网络服务，并传递我们产生的一些值，如温度计的读数，我们可以通过安装 libcurl 的开发库头文件使用 cURL。

　　事实上，这个示例正是我们将会在第 6 章"温度数据的存储：建立数据库来存储结果"中所做的事情。届时，我们会建立一个数据库应用程序接收和存储生成的数据。

　　Raspbian 默认就安装了 cURL，但是，我们需要通过 apt -get 添加它的开发库 libcurl4-openssl-dev。打开 screen 窗口，并切换到你正在开发的代码的目录，按照下列步骤操作。

　　1. 在终端中键入以下命令：

```
sudo apt-get install libcurl4-openssl-dev
```

　　2. 当提示安装将会占用一些磁盘空间时，键入 Y，然后按回车键继续。

　　现在，我们已经安装了 libcurl 的开发库头文件，可以开始编写恒温器的代码。复制一份你之前的温度计代码，并将其命名 *thermostat.cpp*。

恒温器代码

　　我们现在将开始编写恒温器代码，添加在温度变化时打开和关闭继电器的代码，并在里面生成一个用于记录温度数据的 URL。

　　修改新的 *thermostat.cpp* 文件，如下所示：

```
//Include ArduPi library
#include "arduPi.h"
//Include the Math library
#include <math.h>
//Include standard io
#include <stdio.h>
//Include curl library
#include <curl/curl.h>
```

　　在这段代码中，已经包含了 *stdio.h* 文件和 *curl.h* 文件。*stdio.h* 文件为我们提供了一些有关字符串处理的工具。

```
//Needed for Serial communication
SerialPi Serial;

//Needed for accessing GPIO (pinMode, digitalWrite, digitalRead,
```

```
//I2C functions)
WirePi Wire;

//Needed for SPI
SPIPi SPI;

//Values need for Steinhart-Hart equation
//and calculating resistance.
#define TENKRESISTOR 10000   //our 10K resistor
#define BETA 4000 // This is the Beta Coefficient of your thermistor
#define THERMISTOR 10000     //The resistance of your thermistor at
                             //room temperature
#define ROOMTEMPK 298.15     //standard room temperature in Kelvin
                             //(25Celsius).

//Number of readings to take
//these will be averaged out to
//get a more accurate reading
//You can increase/decrease this as needed
#define READINGS 7

//Relay Pin
#define RPIN 4

//Setpoint
#define SETPOINT 15.0
```

我们在代码中增加了两个新的常量：RPIN 和 SETPOINT。RPIN 是继电器连接的数字引脚号，这里是 Pin 4。SETPOINT 常量是控制风扇打开和关闭的温度值。

```
/***********************************************************
 *IF YOUR ARDUINO CODE HAS OTHER FUNCTIONS APART FROM    *
 *setup() AND loop() YOU MUST DECLARE THEM HERE          *
 * *******************************************************/

/************************
 *YOUR ARDUINO CODE HERE *
 ************************/

boolean running = false; //A flag to let us know if the thermostat
                         //is running
```

可以通过给 running 这个变量赋值 true 或 false 来表示风扇是否在运行。

```
int main (){
  setup();
  while(1){
    loop();
  }
  return (0);
}

void setup(void) {
  printf("Starting up thermostat \n");
```

这里将输出 thermometer 改成 thermostat，表明恒温器程序已经启动。

```
Wire.begin();
pinMode(RPIN,OUTPUT);
}
```

我们将 RPIN（本程序里是 4）引脚设成输出模式，这意味着该数字输出引脚将会输出高低电平来控制继电器。

```
void loop(void) {

float avResistance;
float resistance;
int combinedReadings[READINGS];
byte val0;
byte val1;

//Our temperature variables
float kelvin;
float fahrenheit;
float celsius;
int channelReading;
float analogReadingArduino;

//Our cURL variables
CURL *curlInst; CURLcode
result;
```

在原来的温度计代码中，我们增加了两个与 cURL 相关的变量。curlInst 变量是我们初始化 cURL 的实例。第二个变量 result，将用于存储该 cURL 请求的输出。

```
/*******************
ADC mappings
```

```
Pin Address
0    0xDC
1    0x9C
2    0xCC
3    0x8C
4    0xAC
5    0xEC
6    0xBC
7    0xFC
*******************/

//0xFC is our analog 7 pin
Wire.beginTransmission(8);
Wire.write(byte(0xFC));
Wire.endTransmission();
```

正如本章前面提到的那样，我们将模拟输入引脚 0 改为 7，对应的代码是 0xFC。

```
/* Grab the two bytes returned from the analog 7 pin,
   combine them and write the value to the combinedReadings array
*/

for(int r=0; r<READINGS; r++){
  Wire.requestFrom(8,2);
  val0 = Wire.read();
  val1 = Wire.read();
  channelReading = int(val0)*16 + int(val1>>4);
  analogReadingArduino = channelReading * 1023 /4095;
  combinedReadings[r]= analogReadingArduino;
  delay(100);
}
//Grab the average of our 7 readings
//in order to get a more accurate value
avResistance = 0;
for (int r=0; r<READINGS; r++) {
  avResistance += combinedReadings[r];
}
avResistance /= READINGS;

/* We can now calculate the resistance of
   the readings that have come back from analog 0
*/
avResistance = (1023 / avResistance) - 1;
```

```
avResistance = TENKRESISTOR / avResistance;
resistance = avResistance / THERMISTOR;

//Calculate the temperature in Kelvin
kelvin = log(resistance);
kelvin /= BETA;
kelvin += 1.0 / ROOMTEMPK;
kelvin = 1.0 / kelvin;
printf("\nTemperature in K ");
printf("%f \n",kelvin);

//Convert from Kelvin to Celsius
celsius = kelvin -= 273.15;
printf("Temperature in C ");
printf("%f \n",celsius);

//Convert from Celsius to Fahrenheit
fahrenheit = (celsius * 1.8) + 32;
printf("Temperature in F ");
printf("%f \n",fahrenheit);
```

我们现在要在原来的温度计代码里补充关于恒温器的代码。这段代码的作用是，根据当前温度是否高于或低于设定值来控制恒温器的开关。

```
if(celsius > SETPOINT && running == false)
{
  printf("Switching fan on ");
  digitalWrite(RPIN,HIGH);
  running = true;
}
else
{
  if(celsius < SETPOINT && running == true)
  {
    printf("Switching fan off ");
    digitalWrite(RPIN,LOW);
    running = false;
  }
}
```

在这里，代码会检查风扇的状态和当前的温度。如果风扇处于关闭状态，并且温度已经上升到高于设定值，那么我们就将 RPIN（4）设置为高电平，并将布尔标志 running 设置为 true。

数字引脚 4 设置为高将会打开继电器，风扇电路接通。

相应的，如果在风扇运转过程中，温度又降到低于设定值，就把数字引脚设置为低电平，继电器就会处于断开位置，把插头到风扇的电路断开。然后将运行标志设置为 false。至此，设置根据温度开关继电器的部分就已经完成了。

现在，我们将进行代码修改完成前的最后一个步骤，创建一个 URL 来记录温度数据。添加下面的代码：

```
//Call to the temperature database
curlInst = curl_easy_init();
if(curlInst) {
  char url[40];
  //The IP address below should be the IP address of your Raspberry Pi
  sprintf(url, "http://192.168.1.72/addtemperature?temperature=
%f&room=1", celsius);
  curl_easy_setopt(curlInst, CURLOPT_URL, url);
  result = curl_easy_perform(curlInst);
  //If our request fails output the errors.
  if(result != CURLE_OK)
    fprintf(stderr, "curl_easy_perform() failed: %s\n",
      curl_easy_strerror(result));

  curl_easy_cleanup(curlInst);
}
```

首先初始化一个 cURL 对象，然后建立一个名为 url 的新变量。url 用来存储我们将要调用的 HTTP 地址。在此之后，我们使用 sprintf 函数来创建包含热敏电阻读数的 URL 字符串。

curl_easy_init 函数的作用是将 curlInst 变量实例化。在这里关于 URL 的选项里，我们将它设置为前面给出的 url 变量的值。接下来，我们通过 curl_easy_proform 函数向这个 URL 发送了我们的值，并将返回的结果放在 result 里。

接下来，我们检查在 URL 执行过程中是否出错，如果请求失败，则输出一个错误信息。最后，我们运行 curl_easy_cleanup 函数来关闭连接。

```
//Three second delay before taking our next reading
delay(3000);
}
```

到这里，恒温器的代码就全部完成了，它可以通过温度计测得的值来改变继电器状态，并将温度数据通过 URL 请求发送出去。下面，我们可以创建一个新的 Makefile 来编译我们的代码。

在 Geany 里创建新的 Makefile 文件，并添加以下内容：

```
Thermo: arduPi.o
 g++ -lrt -lpthread -lcurl thermostat.cpp arduPi.o -o thermostat
```

保存 Makefile 文件，试着在 **Build** 菜单里运行它。如果提示有编译错误，请解决这些问题，然后再次尝试编译。一旦完成，你就可以连接风扇来测试这段代码了。

5.5　测试恒温器和风扇

硬件和软件都已经准备就绪，现在就是测试它们，看看会发生怎样的动作。首先将风扇连接到位，然后执行刚刚用 Makefile 编译完成的应用程序。

连接风扇

请确保 Raspberry Pi 处于断电状态，并且风扇的插头没有接通交流电源。使用剥线钳和钢丝钳，将连接插头与风扇的电缆的两根电线中的一根剪断。用剥线钳剥去电线末端的塑料皮，再分别连接到继电器的 COM 引脚和 NO 引脚，用螺丝刀将它们连接牢固。你的连接应如图 5.3 所示。

确认无误后，接通 Raspberry Pi、继电器和风扇的电源。

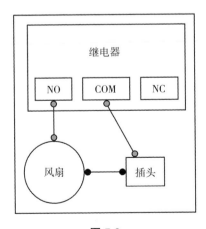

图 5.3

运行恒温器应用程序

在命令行下，运行 screen，创建一个新的标签并命名为 Thermostat，然后在 screen 会话里启动该应用程序。

```
./thermostat
```

你的应用程序将在 screen 上出现。当你退出 Raspberry Pi 或关闭 SSH 会话时，它会继续在后台运行。你可以在重新登录时在终端窗口输入 screen -r 重新与它连接。

现在，应用程序正在运行，你会看到，当热敏电阻的温度超过设定值时，风扇将会打开。如果室内温度较低，你可以通过加热热敏电阻看其能否正常工作。你也可以尝试冷却热敏电阻，看看风扇是否能正常关闭。

使用冰块给热敏电阻降温时，避免将冰块直接放置在电路附近，以免冰块融化成水后造成短路，发生意外。推荐方案是，先用冰块将你的手冷却，然后用手触摸热敏电阻。你的手在触摸热敏电阻之前请确保干燥。

当风扇可以根据温度的不同打开和关闭时，这表明你的恒温器项目完成了。

除错与调试

如果风扇不转，你可以尝试如下步骤。

1. 检查确认代码编译时没有任何错误，程序运行正常。

2. 当应用程序并没有在 screen 上运行时，如果你退出 Shell 会话，那么它很可能关闭。尝试在 screen 中启动应用程序。

3. 请确定热敏电阻的温度变化范围超过了设定值。

4. 如果以上都没有效果，关闭 Raspberry Pi 电源，并拔下风扇。检查风扇的电线与继电器相应点的连接是否正确，固定是否可靠。重新接通 Raspberry Pi 电源，重新连接风扇，然后尝试重新运行恒温器应用程序。

请一定牢记，为避免电击，在调整继电器的连接时，请拔掉电源。

5. 如果继电器需要外接电源，检查外接电源是否已连接。

5.6　小　结

　　在本章中，我们了解了继电器，并且知道它们是如何工作的。我们修改上一章的代码来扩展其功能，使它能够根据温度读数的不同，打开或关闭继电器。我们在程序里做了相应的设置，为把温度数据写入数据库做好了准备。在一个 screen 会话里启动程序，这样在退出 Raspberry Pi 时，程序不会关闭。

　　最后，我们将风扇连接到继电器，并且能通过程序打开和关闭它。现在，你成功地创建了一个温控装置，你可以把它推广到其他项目。例如，你可以设计这样一个设备，当温度下降时打开一个小加热器进行加温。

　　硬件和软件都已经完成。在下一章里，我们需要涉及数据库的创建，这个数据库可以用于存储应用程序输出的值，然后安装一些工具通过 Web 浏览器来查看存储的数据。

第 **6** 章

温度数据的存储：
建立数据库来存储结果

在本章中，我们将会着重介绍使用 **SQLite** 在 Raspberry Pi 上建立数据库，这种基于 SQL 的数据库可以用来存储我们在上一章中设计的温度计采集到的结果。我们还会涉及 **HTSQL**（HyperText Structured Query，超文本结构化查询语言）——一种可以让你通过 HTTP 请求查询数据库的语言。

在掌握了这些技术之后，我们将会用 **Apache** 建立一个 Web 服务器。这个服务器通过 **WSGI** 运行 **Python** 程序提供后台服务。WSGI 是一种运行在服务器端的编程语言，可以通过它在数据库上执行 SQL 查询获取数据。

好了，让我们迈出第一步，安装 3.x 版的 SQLite 和建立温度数据库。

6.1 SQLite

SQLite 数据库的最新版本是 3.x。它使用 C 语言编写，是一个关系型数据库管理系统，它经历了几个版本的发展，目前已经支持了很多的 SQL 标准。

这意味着在创建一个 SQLite 数据库时，很多大家所熟知的 SQL 功能都可以直接使用。

SQLite 有许多用途，包括在通过 Web 浏览器访问的嵌入式应用程序中建立数据库，或者在 Raspberry Pi 等嵌入式硬件系统中创建轻量级数据库。对于这些实用的小型项目，不需要使用 Oracle 或 MS SQL 那样复杂并需要专人维护的关系数据库管理系统。SQLite 也适用于那些需要采用自由和简单的解决方案的数据存储应用。

如果你需要了解更多有关 SQLite 技术方面的内容和最新的功能，可以访问它的网站：

http://www.sqlite.org/

安装 SQLite

我们下面将介绍在 Raspberry Pi 上安装 SQLite 的过程。无论你是用 SSH 还是桌面上打开 LXTerminal 连接到 Raspberry Pi 上的，登录后就可以运行 apt-get 命令安装 SQLite3。

在命令行模式下，输入以下命令：

```
sudo apt-get install sqlite3
```

如果你输入的是 sudo apt-get install sqlite，系统将会默认安装 2.x 版本的 SQLite。2.x 版本不支持我们将会用到的一些指令，如 ALTER TABLE。所以在使用 apt-get 安装时，请确认安装的是 sqlite3。

终端窗口里将会显示 SQLite 安装过程。在安装完成之后，如果你当前工作路径不是当前用户的主目录，请切换到主目录下，然后创建一个新的文件夹，这个文件夹用来存储我们今后工作用到的文件。在终端窗口里输入以下命令完成上述工作：

```
cd /home/pi/
mkdir database
cd database
```

我们将用这个名为 database 的文件夹来存放温度数据库，以便测试和演

如果你对 Linux 和 SQLite 比较精通，或者以后对这项技术有了更深的了解，就应该尝试更改数据库数据存储位置，不把它直接存放在 Web 服务器上，确保数据的安全性。不过示例中为了尽可能快速应用这项技术，我们会把数据直接存放在 www 目录中，想更换存储路径也完全可以。

示 SQLite 是如何工作的。后面介绍的 Web 服务器建立完成之后，我们将会把这个数据库复制到一个 Apache 可以访问的目录下面。

创建数据库

要加载 SQLite，你只需在命令行中输入 sqlite3，然后在后面加上数据库名与扩展名 ".db"。如果这个名字不存在，SQLite3 将会自动创建这个数据库，如 mydatabase.db。

在本项目中，我们将数据库命名为 temperature。在命令行中键入以下内容：

```
sqlite3 temperature.db
```

现在，我们进入了 SQLite3 的命令行工具。在 SQLite3 的命令行里，我们可以输入相应的命令，在数据库里创建表，以及设置相应的字段来存储数据。在数据库创建之前，我们必须根据自己的需要，确定表结构。

在本项目中，我们需要的是一个很简单的数据库。在这个数据库里，我们仅需要两个表就可以满足数据存储的需要。一个表主要负责存储温度数据，而另一个表存储的是 Raspberry Pi 具体在哪个房间。

首先让我们来看看存储温度的表。

温度表

温度表主要负责记录从 Arduino 扩展板上返回的温度数据。它需要以下字段。

- Id：这是每个温度读数在数据库中的唯一 ID。每当添加一个新的温度值时，它会自动加 1，也是表中的主键。
- Roomid：其作用主要是为温度读数加上采集房间表的信息，如在本项目中，我们在这个字段中存储房间的名称。
- Temperature：这个字段主要是用摄氏度的形式来存储采集到的温度值，这个值由 Arduino 扩展板采集并计算得到，并且传回插入数据库。
- Datetime：每次在表中插入数据时加入的时间戳，这在查询数据库找出相关数据时比较有用。例如，我们可以很方便地找出在一段时间内这个房间温度最低的时刻。

房间表

我们要创建的第二张表主要用于保存房间信息，以后还可以对这张表进行扩展，保存更多有关房间的细节信息。目前，这个表中只需要有两个字段。

- Id：这是一个自增的数字，为每个房间生成一个唯一的数字 ID。当我们在 temperature 表中插入数据时，也会带上对应房间的 ID。这样万一我们需要修改房间的名字时，只要修改一条记录就可以了；如果我们在 temperature 表的记录中直接记录房间的名字，那就得批量更新很多记录才能实现更改房间名字的目标。

- Roomname：第二个字段，用于保存房间名字的。我们可以在里面保存"浴室"、"厨房"这样的值。

编写 SQL 语句

现在我们已经设计好了两个数据表，可以通过 SQL 语句来创建它们了。打开 SQLite3 的命令行，输入如下 SQL 语句：

```
CREATE TABLE roomdetails (id INTEGER PRIMARY KEY AUTOINCREMENT,
room VARCHAR(25));
```

这个命令创建了一个名为 roomdetails 的新表，它包含一个自增的 ID 字段作为主键，每当向这个表中插入新数据时，ID 字段就会自动写入一个递增的数字。下一步，我们来创建 temperature 表。在 SQLite3 命令行中输入如下 SQL 语句：

```
CREATE TABLE temperature (id INTEGER PRIMARY KEY AUTOINCREMENT,
roomid INTEGER, FOREIGN KEY(roomid) REFERENCES roomdetails(id));
```

这个命令创建了第二个名为 temperature 的表，用于保存我们记录下的温度读数。这个 SQL 语句也创建了两个字段，它的 ID 字段与 roomdetails 表中的 ID 字段一样，也是个自增字段。

第二个字段用来保存房间 ID。这个字段的值需要引用 roomdetails 表中的数据，所以我们创建了一个外键连接。下面，我们可以对 temperature 表添加两个新的字段：temperaturec 和 datetime。

可以使用 SQL 的 ALTER TABLE 命令向数据库中添加新的字段。

在 SQLite3 命令行中输入如下 SQL 命令：

```
ALTER TABLE temperature ADD COLUMN temperaturec FLOAT(8);
```

这样，我们就向 temperature 表中添加了用于存放温度数据的

temperaturec 字段。这个字段可以存储一个 8 位浮点数，所以我们可以把类似于 52.3、48.4 这样的温度读数存储在该字段中。

最后，我们向 temperature 表中添加一个时间字段，用于存储记录下温度时的日期时间。在 SQLite3 命令行中运行如下命令：

```
ALTER TABLE temperature ADD COLUMN datetime DATETIME;
```

这就向 temperature 表中添加了一个名为 datetime 的字段，它是日期型字段，可以存储型类似于 YYYY-MM-DD HH:MM:SS 格式的日期数据。

现在我们已经建好了两张表，下面来给 rommdetails 表中添加房间数据，这个房间可以是一个放置了 Raspberry Pi 温度计的房间。我们用厨房(Kitchen)来举例，在 SQLite3 的命令行中运行如下命令：

```
INSERT INTO roomdetails (room) VALUES ('Kitchen');
```

然后，可以确认一下是不是成功添加了新的房间：

```
SELECT * FROM roomdetails;
```

通过这个命令可以显示出 roomdetails 表中所有数据，如果先前已经成功插入了厨房的记录，你就应该可以看到如下的显示：

```
1|Kitchen
```

现在，在我们的数据库中就已经有了一条 ID 为 1 的房间记录，稍后在 Arduino 回写温度数据时可以使用。

在第 5 章中，运行 Arduino 代码时，我们曾经使用了一个 1 来作为房间代码，并且我们还用程序访问了一个名为 addtemperature 的 URL。下面我们就要来搭建一个 Web 服务，用 addtemperature 作为脚本的名字，并且接收传入的房间代码，让 Arduino 程序可以通过这个 Web 服务访问到数据库。现在，先在 SQLite3 的命令行中输入下面的命令，退出这个程序：

```
.quit
```

6.2 Apache Web 服务器

Apache Web 服务器项目始于 1995 年，它最初是基于美国国家超级计算机应用中心（National Center for Supercomputing Applications，NCSA）Rob McCool 开发的 **HTTP daemon**（**httpd**）程序，这个程序在 Linux 系统中提供

了通过 HTTP 协议传递数据的功能。

Rob McCool 离开 NSCA 后不久，一些 httpd 的用户基于其 1.3 版本添加了很多补丁，完成了一个独立的开源 Web 服务器程序，起名为 Apache。Apache 成为市面上 Web 服务器的一个自由开源替代品。

在示例中，我们会使用 Apache 的 2.x 版本来开发应用。通过这些应用，可以实现通过 Web 接口接收 Arduino 送来的温度传感器读数，并把这些数据写入数据库。

下面我们来简单了解一下 Apache，看看为什么我们需要它。首先，我们需要把这个服务器搭建起来。

搭建一个基本的 Web 服务器

如果你已经关掉了先前打开的终端窗口，就重新打开一个新的终端。输入如下命令：

```
sudo apt-get install apache2
```

这样就可以通过 apt-get 工具安装 2.x 版本的 Apache。在安装过程中，系统会停下来并提示你这个软件包会占用多少 SD 卡的空间：

```
After this operation, 4,990 kB of additional disk space will be used.
Do you want to continue [Y/n]?
```

输入 Y 并继续完成安装。安装完成后，你会在屏幕上看到图 6.1 的提示。

图 6.1

这个提示告诉我们，Apache 使用了本地回环网络地址 127.0.0.1 作为服务器的名称。这时，你已经可以通过 Raspberry Pi 上的 Midori 浏览器打开

http://127.0.0.1/ 或 *http://localhost/* 来访问 Apache 提供的服务了。

与此同时，你也可以在家庭网络中的其他计算机通过指定 Raspberry Pi 的 IP 地址来访问这个服务。

> 在 Raspberry Pi 上，可以运行 ip addr show 来查看当前的 IP 地址，IP 地址紧跟在屏幕输出中 inet 关键字的后面。

下面的命令可以用于启动、停止或重启 Web 服务。

- **apachectl start**：启动 Apache Web 服务器。如果服务已经启动，你会看到相应的提示。
- **apachectl stop**：正如命令内容所示，运行这个命令可以停止正在运行的 Apache 服务。
- **apachctl restart**：重启 Apache 服务。如果当时 Apache 服务并没有启动，就会启动一个新的 Apache 服务。
- **apachctl graceful**：与 restart 命令类似，也用于重启 Apache 服务。与 restart 命令不同的是，用这个命令重启 Apache 服务不会影响 Web 服务上已经建立的连接。
- **apachectl graceful-stop**：也可以用于停止 Apache 服务。但与 graceful 命令类似，用这个命令停止 Apache 不会影响 Web 服务上已经建立的连接。

> Apache Web 服务以 www-data 用户的权限来运行。通常需要在系统中添加一个 www-data 组和 www-data 用户，把 www-data 用户放入 www-data 组。可以用如下的命令来完成这个工作：sudo addgroup www-data 和 sudo usermod -a -G www-data www-data。

如果想查阅 Apache 2.x 的命令手册和帮助，可以在命令行终端上用如下命令查看 man 页面：

```
man apache2
```

看完后，可以按 Q 键退出。现在你已经完成了 Apache 2.x 版本的安装，并了解了如何查阅帮助手册，现在让我们尝试一下重启 Apache 服务。

> 在用 apachectl 命令控制 Apache 服务时，需要加入 sudo 前缀，才能获得相应的权限。如果觉得这样过于烦琐，可以用 sudo su root 命令切换到 root 用户权限下操作。

在命令行中输入如下命令：

```
sudo apachectl restart
```

这时 Apache 服务就会被重启。重启完成后，我们可以通过浏览器来检查是否可以正常访问 index.html 页面，该页面的源文件存放在 /var/www 目录下。

使用浏览器访问路由器指派给 Raspberry Pi 的 IP 地址，如 *http://192.168.1.122*，或者在 Raspberry Pi 上直接运行 Midori 等浏览器访问 *http://localhost/*。

你会在浏览器中看到类似于图 6.2 的截图。

图 6.2

祝贺你！你已经成功搭建了一个可以在家庭网络中提供 HTML 页面内容的服务器。

不过，为了满足智能家居项目的需求，我们不能仅仅满足于让 Apache 返回一个静态的 HTML 页面。

为了实现这一点，需要在 Apache 上运行服务器端的 Python 程序。Python 不但可以提供静态页面，还可以实现读写数据库数据的功能。

为了达到这个目的，我们先要在 Apache 上启用 WSGI，扩展它的功能。

WSGI

WSGI（Web Server Gateway Interface，Web 服务器网关接口）是一种用于 Web 服务器与 Python 编写的 Web 应用程序之间进行通信的标准。

对于 Apache Web 服务器来说，可以通过加载一个提供 WSGI 功能的模块来实现与 Python 程序之间的通信。

安装了这个模块以后，我们就可以用 Python 来编写一些可以通过浏览器来访问的服务器端程序，通过这些程序就可以读写 SQLite 数据库。

设置 WSGI

Raspberry Pi 上安装的 Apache 默认没有包含 WSGI 模块，所以在 Raspbian 上需要通过 apt-get 来安装这个模块。打终端并运行如下命令：

```
sudo apt-get install libapache2-mod-wsgi
```

安装成功后，你就可以开始用 Python 来编写 Web 应用了。

不过，在开始动手写程序之前，还需要对 Apache 进行一些配置，让它知道程序文件和 WSGI 模块所在的文件目录，并知道通过哪个 URL 来提供 Web 应用服务。在终端上运行下面的命令，切换到相关的目录中：

```
cd /var/www/
```

在这个目录中创建一个新的目录：

```
sudo mkdir wsgi-scripts
```

我们需要把用 Python 编写的 WSGI 脚本放在这个新创建的目录中。使用终端或其他你喜欢的文本编辑器，打开以下目录中一个名为 default 的文件：

```
/etc/apache2/sites-available
```

 如果你正在使用 Raspbian 图形化桌面环境，可以打开一个终端窗口，然后从命令行启动 Leafpad：sudo leafpad。这样你就可以修改 /etc/apache2 和 /var/www 下的文件了。

这个文件中保存了 Apache 的各种相关配置，我们需要在里面添加一些配置，才能让我们的 Python 脚本可以在 Apache 上运行。在这个文件的末尾添加如下内容：

```
WSGIScriptAlias/addtemperature/var/www/wsgi-scripts/addtemperature.
wsgi
```

这行配置告诉 Apache，如果有人通过类似于 *http://192.168.1.122/ addtemperature* 这样的 URL 访问 addtemperature 这个路径时，就去调用 /var/www/wsgi-scripts/ 目录中名为 *addtemperature.wsgi* 的 Python 脚本。然后，还需要在配置文件中增加如下的配置：

```
<Directory /var/www/wsgi-scripts>
    Order allow,deny
    Allow from all
</Directory>
```

这段配置要求 Apacher 接受对于 /var/www/wsgi-scripts 目录的访问请求，这个配置对于这个目录及其子目录同时有效。保存修改后的配置文件并退出编辑器，然后回到 apache2 目录：

```
cd /etc/apache2
```

在这个目录下有一个名为 *httpd.conf* 的文件，里面提供了一些额外的 Apache 配置。如果这个文件不存在，就新建一个，否则就打开它进行修改。

我们需要在这个配置文件中添加一行，告诉 Apache 去哪里加载 WSGI 模块，这对于正确加载我们刚才进行的配置来说非常重要。如果没有在 *httpd. conf* 中添加这样的配置，Apache 就不知道该如何去理解我们刚才所做的配置，只能出错并停止运行。

所以，打开 *httpd.conf*，寻找格式如下的一系列配置：

```
LoadModule<module_name> modules/<module_reference>.so
```

如果是自己新建了 *httpd.conf*，或者这个文件中没有类似的配置，你就可以直接把下面的配置写入 *httpd.conf* 的任意位置。否则，就添加在别的 LoadModule 配置行附近。

```
LoadModule wsgi_module modules/mod_wsgi.so
```

保存文件并退出编辑器。运行命令重启 Apache 服务器：

```
sudo apachectl restart
```

最后，在我们开始编写程序往数据库中添加新的温度记录之前，先把数据库文件复制到 www 目录中。通过命令行定位到这个目录中：

```
cd /var/www
```

在这个目录中创建一个新的目录，名为 database，用来存放数据库文件，并切换到这个目录中：

```
sudo mkdir database
cd database
```

把先前我们用来测试 SQLite 的数据库文件复制过来，放到这个新建的目录中：

```
cp /home/pi/database/temperature.db .
```

现在，我们已经完成了 Apache 的配置，建立了一个存放 Python 脚本的目录和一个可以在程序中访问的本地数据库。

刚才在配置Apache时，我们提到了一个名为*addtemperature.wsgi*的脚本。下一步就是要创建这个脚本。

创建 Python 程序访问数据库

为了能把数据写入 SQLite 数据库，我们需要一个可以在服务器端运行的程序，通过它来连接到数据库并执行相应的 SQL 语句。我们选用 Python 和刚刚配置好的 WSGI 模块来实现这个目的。执行下面的命令，切换到前面刚刚建立的 WSGI 脚本目录：

```
cd /var/www/wsgi-scripts
```

在这个目录下，可以存放访问数据库所需要的 Python 脚本。打开你常用的文本编辑器，创建一个名为 *addtemperature.wsgi* 的文件。

在这个文件中输入我们的 Python 代码。

 在 Python 程序中，行首的空格和缩进在语法上具有重要的意义。如果你从别处复制贴粘代码，要尤其注意缩进是否与示例中的完全一致。

打开 *addtemperature.wsgi* 文件，输入如下代码：

```
import sqlite3
```

```
from cgi import escape, parse_qs
```

这两行代码引入了一个支持 SQLite3 操作的开发库，还从 CGI 库中引入了一些有用的工具函数，这些函数可以用于转义用户输入的字符串，或者解析程序所收到的查询串。

接着，我们来添加一个用于处理程序接收到的数据并把它们写入 SQLite3 的函数。

把以下代码写入前面刚刚添加的两行代码下面：

```
def application(environ, start_response):

    connection = None
    my_response = ""
    params = parse_qs(environ['QUERY_STRING'])
    room = escape(params.get('room',[''])[0])
    temperature = escape(params.get('temperature',[''])[0])
```

第一行代码定义了一个名为 application 的函数。当 WSGI 的请求到来时，Apache 会寻找 application 函数并调用它，这个函数接受两个参数：environ 和 start_response。

函数声明下面定义了 5 个变量，用于存放程序中所需要的各种数据。

第一个变量是 connection，用于存放连接到 SQLite3 数据的连接对象。

my_reponse 目前是一个空字符串，后面会用于保存需要返回给浏览器的消息内容。

params 变量用于保存通过 URL 查询串传递给脚本的数据，并可以提供给程序使用。这里用到了程序开头处引入的 parse_qs 函数。

room 和 temperature 用于保存从 params 中获取的特定变量的值，其中的 escape 函数用来过滤掉用户输入中的一些特殊字符。我们的程序虽然只会在家庭内部的网络中提供服务，被实施 SQL 注入攻击的可能性并不大，但是时刻注意在代码中防范这样的安全风险是一个很好的习惯。

这两个变量其实是从浏览器发出的查询串中根据指定的变量名，取得了特定的内容。在后面的 SQL 语句中，我们会用到这两个变量。

下面，我们编写根据 room 和 temperature 来进行数据库查询的相关代码。

在上述变量声明代码后面，添加如下代码：

```
my_query = 'INSERT INTO temperature(roomid,temperaturef,datetime)
VALUES(%s,%s,CURRENT_TIMESTAMP);' %(room,temperature)
try:
  connection = sqlite3.connect('/var/www/database/temperature.db'
  ,isolation_level=None)
  cursor = connection.cursor()
  cursor.execute(my_query)
  query_results = cursor.fetchone()
  my_response = 'Inserted %s for room %s' % (temperature, room)
exceptsqlite3.Error, e:
  my_response = "There is an error %s:" % (e)
finally:
  connection.close()
```

在这段代码中，我们先创建了一个名为 my_query 的变量，这个变量中存放的是 SQL 查询语句。

这个查询语句可以把用户输入的 room 和 temperature 数据写入数据库中的 tempereature 表。

接下来是一个 try except 语句块，里面开始创建数据库连接。如果数据库连接对象创建成功，就存放在 connection 变量中。

请注意，在创建数据库对象时，我们使用了 *temperature.db* 数据库文件所在的路径。在程序中，需要把这个路径改成你的 *temperature.db* 文件所在的实际路径。

完成数据库连接的创建后，就可以通过它来执行查询。我们通过 connection 对象创建出一个 cursor 对象，并调用 cursor 对象的方法来执行存放在 my_query 中的 SQL 查询语句。

查询返回的结果存放在 query_result 变量中。在我们程序中并没有用到这个变量的值，不过以后你可以自己来扩展程序，把 query_result 中返回的值输出给浏览器。比如，执行的查询语句是一个 SELECT 语句，查询的返回结果就会存放在 query_result 变量中。

现在就可以开始给先前声明的 my_response 变量赋值了，我们把一行提示成功把数据写入数据库的字符串赋给它。最后，关闭数据库连接。

except 代码块是在数据库连接创建失败时，给浏览器返回出错提示用的。数据库连接创建失败有可能是因为你指定的数据库文件的路径有问题，或者是你的脚本没有权限打开这个数据库文件。

> 如果你的 WSGI 程序无法正常打开 temperature.db 数据库，很可能是权限的问题。
>
> 数据库文件所在的目录需要属于 www-data 用户。
>
> 用下面的命令可以把目录的用户指定为 www-data：
>
> **chown-R www-data /var/www**
>
> 你还可以用 chmod 命令来改变数据库文件的权限。可以用下面的命令来设置它的权限，尝试解决问题。不过在正常情况下，我们不建议把数据库文件的权限如此放宽到所有用户都可以访问。
>
> **chmod 777 temperature.db**
>
> 如果这样放宽权限后程序就可以正常运行了，你可以尝试再适当收紧权限，确保系统尽可能安全。
>
> 有关更多 chmod 命令的使用方法，可以通过 man chmod 来查看。

现在我们已经可以正确地把数据写入数据库并准备向浏览器返回一些文本提示信息，下面需要把这个脚本包装起来，让它可以正常地把提示信息返回。

继续添加如下代码：

```
status = '200 OK'
response_headers = [('Content-Type', 'text/plain'),
                    ('Content-Length', str(len(my_response)))]
start_response(status, response_headers)

return [my_response]
```

这段代码用于给浏览器返回表示"执行成功"的返回码，并把我们准备好的提示信息发送给浏览器。浏览器会解析这些响应信息，并把传回的字符串显示在屏幕上。

现在我们已经完成了整个 Python 程序，虽然它很简单，但通过它我们已经演示了很多可以完成的功能。

保存这个文件，并开始测试。打开浏览器，访问：http://<Raspberry Pi 的 IP 地址 >/addtemperature?temperature=85&room=1。比如，*http://192.168.1.122/*

addtemperature?temperature=85&room=1。

如果程序执行成功，你会在浏览器中看到 "Inserted 85 for room 1"（成功添加 "房间 1 的温度为 85 度" 的记录）的提示。

 如果你的程序没能正常运行，请检查 Apache 的出错日志：/var/log/apache2/error.log。

祝贺你！你已经完成了你的第一个 WSGI Python 脚本，并学会了如何向 temperature 数据库中插入数据。

结　论

我们刚刚完成的脚本非常简单，不但没有检查用户转入的参数是否格式正确，也没有使用 query_result 变量。完成上述实验了解整个程序的逻辑后，你可以自己尝试扩展这个程序的功能。

现在，我们已经把数据写入了数据库，下面我们希望能把数据库中的数据通过 Web 展示出来。通过使用 HTSQL 工具，无须在代码中直接登录 SQLite3 数据库发起查询请求就可以完成这一目标。

6.3　HTSQL

使用 **HTSQL**（Hyper Text Structured Query Language，超文本结构化查询语言），可以实现通过 URL 直接在数据库上执行指定 SQL 语句。

HTSQL 由 Prometheus Research 的 Clark Evans 和 KirillSimonov 开发，它基于 Python 语言，实现了一种基于 HTTP 协议的 SQL 查询语言。有了 HTSQL，就可以在 Web 浏览器中直接编写 SQL 语句并通过内嵌的 AJAX 客户端代码发送到后台去执行，无须编写额外的服务器端程序。

无须学习 SQL 和类似于 Java 这样的服务器端开发语言，只要有 HTSQL，再加上一个数据库，就可以实现在类似于 Midori 这样的浏览器窗口中通过 JavaScript 来访问数据库的功能。

使用 HTSQL 的好处在于，无需用 Python 等语言编写额外的服务器端代码，就可以用一种很简单的查询语法来访问数据库。

在前面的例子中，我们使用这样的 SQL 语句来查询 roomdetails 表中的数据：

```
SELECT * FROM roomdetails;
```

为了执行这个 SQL 语句，我们需要通过 SQLite3 的命令行工具连接到数据库，或者通过 Python 编写 WSGI 代码实现对数据库的查询。

如果想通过 HTSQL 实现相同的功能，只需要在 URL 中 Raspberry Pi 的主机名后面以 /roomdetails 这样的形式指定表名就可以了，如 *http://localhost:8080/roomdetails*。

在 Raspberry Pi 上安装 HTSQL 服务器非常容易，让我们一起看看安装过程。

下载 HTSQL

下面我们一起来安装 HTSQL，在这之前，先要安装 Python-pip。pip 是 Python 的包管理软件，需要通过 pip 来安装 HTSQL。

```
sudo apt-get install python-pip
```

系统会提示你需要占用约 14.5MB 的磁盘空间，输入 Y 并回车确认安装。安装完成后，就可以通过 pip 来安装 HTSQL 了。在命令行上输入：

```
sudo pip install HTSQL
```

HTSQL 就会开始安装了，完成后可以通过下面的命令验证它是否正确地安装完毕了：

```
htsql-ctl version
```

屏幕的显示应该如图 6.3 所示。

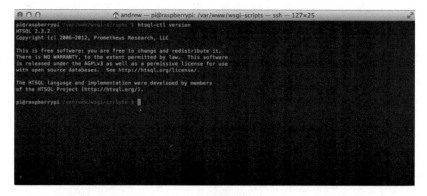

图 6.3

示例中使用的版本是 2.3.2，你所安装的版本可能会有所不同，pip 总是
会帮你安装最新版本的软件。

配置 HTSQL

下一步，我们来配置 HTSQL 并让它指向数据库，这样才能最终实现通过
浏览器访问数据库。

下面的命令用来测试 HTSQL 是否可以正常连接到 temperature 数据库：

```
htsql-ctl shell sqlite:path/temperature.db
```

这个命令会打开一个类似于 SQLite3 命令行的界面。在这个命令中，
sqlite 指明了数据库类型，后面紧跟的是数据库的名字。

如果通过上面的命令可以正常连接到数据库并打开一个命令行界面，就
可以准备启动 HTSQL 服务器了。

退出 HTSQL 的命令行界面，然后用下面的命令启动 HTSQL 服务：

```
htsql-ctlserver'sqlite:path/temperature.db'
```

跟先前一样，你需要把命令行中数据库文件的路径替换为实际的路径，如
示例中使用的 /var/www/database 目录。如果你使用了别的路径，也请做相应
的改动。

服务成功启动后，你会看到如下（图 6.4）提示：

```
Starting an HTSQL server on raspberrypi:8080 over ../database/
temperature.db
```

图 6.4

下面可以尝试访问 HTSQL 服务了。在 Raspberry Pi 或别的计算机上打开浏览器，输入如下 URL：

http://<Raspberry Pi 的 IP 地址 >:8080

你会看到如下（图 6.5）提示：

```
Welcome to HTSQL!
Please enter a query in the address bar.
```

图 6.5

如果想要查看 roomdetails 表的内容，可以访问如下 URL：

http://<Raspberry Pi 的 IP 地址 >:8080/roomdetails

这时，浏览器中展示 roomdetails 表的内容，并且当数据库中的数据发生变化时，也可以在页面上反映出来。

如果要查询特定字段的数据，可以使用 /roomdetails{id} 这样的查询语法。

可以把数据库中的字段名用逗号隔开，列在花括号中。这样，查询数据时就只会返回字段的值。如果使用如下的查询：

```
/roomdetails?id='1'
```

在表名或花括号后写上一个问号，然后就可以指定过滤条件，如上述示例就是返回 ID 字段值为 1 的记录的所有字段值。

HTSQL 提供了一系列可扩展的查询语法，支持各种复杂的查询条件，并可以用 JSON、XML、CSV、纯文本或 YAML 格式返回查询结果。

可以从下面的网站上获取更多有关 HTSQL 的信息，并学习如何通过不同的方式进行数据查询：*http://www.htsql.org*。

6.4 测试 Arudino 程序访问数据库

我们已经学习了如何把数据写入数据库，下面一起来看看如何把从 Arduino 扩展板上采集回来的数据存入数据库。

在命令行中运行 arduPi 目录中的 thermostat 程序，程序启动后，Arduino 扩展板就开始不断读取温度数据了。

同时，Arduino 程序还会调用我们刚刚完成的 Python 脚本，发送房间 ID 为 1 的房间内的温度数据。

Python 脚本会负责连接到数据库，并执行相应的查询语句，向数据库中

请确认 Apache 和 HTSQL 服务都在正常运行中。

插入一条包含温度、时间和房间 ID 的数据。

然后，我们可以通过 HTSQL 来查看数据库中的数据，确认是否已经正确存入了数据库。可以使用：

http://<Raspberry Pi 的 IP 地 址 >:8080/temperature{room,temperaturec, datetime}?roomid='1'

这样的地址来查到指定房间的房间 ID、温度和记录时间。

页面上会展示查询结果。至此，你已经完成了一个完整的程序，可以把从 Arudino 扩展板上获得的数据存入数据库，并通过网络查询这些数据。

6.5 小 结

我们演示了如何方便地把数据存入数据库并通过 Web 浏览器来查看这些数据。

为了实现这一点，我们学习了很多新技术，以此为基础可以做出更多有意思的功能。比如，我们可以扩展 SQLite3 数据库来存储更多数据，也可以扩

展 Python 程序来确认数据已经按我们设想的格式存入了数据库。

　　通过使用 HTSQL，我们可以用浏览器进行数据库查询，查看数据。我们甚至可以直接把带有查询条件的网址存入收藏夹，这样下次就可以直接查到这些数据。

　　希望通过对本章内容的学习，能激发起你对 Python、HTSQL 和 SQLite 的学习热情，为进一步扩展温度计项目的功能打下基础。

第 **7** 章

自动窗帘：
根据环境光线自动开关窗帘

在本章中，我们会学习到：如何在 Raspberry Pi 上连接光敏电阻和电机驱动板，并且把这些东西组成一个可以单独工作的设备，控制家中窗帘的开关。

在前面的章节中，我们通过测量温度的变化来改变继电器的状态。在本章中，我们用到的原理和上一章类似，使用光敏电阻来控制电机的开关。

在本章中，你将会用到以下器材：

- Raspberry Pi
- Raspberry Pi-Arduino 扩展板
- 面包板
- 导线
- 10kΩ 电阻
- 光敏电阻
- Arduino 电机驱动板
- 9V 电池及电池连接器
- 平头螺丝刀
- 手电筒
- 9V 直流电机或 12V 直流电机
- 如果使用 12V 电机，请准备 12V 电源

7.1 光敏电阻

光敏电阻与前面用到过的热敏电阻一样，都是一种可以根据周围环境的变化改变自身阻值的电阻。顾名思义，热敏电阻是根据温度来改变自身阻值的，光敏电阻则是根据周围的光线强弱来改变自身的阻值。

在日常生活中，光敏电阻最常见的应用场景就是路边的街灯，当外面光线变暗时，路灯会自动打开。

我们也可以在设计的电路中使用光敏电阻，当房间光线变暗时，可以把光敏电阻的阻值变化信息传递给 Raspberry Pi，Raspberry Pi 可以对这些信息处理后进而控制电机。

7.2 电机和电机驱动板

在这个项目里，我们选用的是 Arduino 官方提供的电机驱动板。我们可以很方便地把这个设备连接到 Raspberry Pi-Arduino 扩展板上，用以驱动直流电机。关于这个驱动扩展板的具体特性可以在 Arduino 网站中查询：

http://arduino.cc/en/Main/ArduinoMotorShieldR3

这个扩展板可以驱动电压在 5 ~ 12V 的直流电机，在我们这个项目里，连接在供电端子上的是 9V 电池，它足以为将要连接的 9V 直流电机提供足够的电能。

> 出于测试目的，我们使用 9V 电池。但是，如果你安装的是需要长期电机驱动的设备，不妨考虑将其通过电源适配器连接入市电。一个 9V 电池不会持续很长的使用时间，也不能驱动 12V 电机。

在连接的工作电压超过 9V 的设备时，建议断开驱动板上的电源引脚。对于本项目来说，我们先在电路里使用 9V 电机，一旦完成应用程序和电路的搭建，你可以随时把它更换成 12V 的。

根据窗帘类型的不同，一旦你觉得 9V 电机不足以提供足够的力矩带动窗帘移动时，可以随时把它升级成 12V 电机。

7.3　安装光敏电阻

接下来开始着手将光敏电阻连接到电路中，并且开始相关软件的测试工作。一旦软件的测试完成，我们就可以将电机驱动板连接到电路中，用采集到的值控制电机的开关。

组件连线

我们需要完成的第一项任务就是将各个组件连接成电路。整个电路的结构与我们在第 3 章中搭建的温度计电路相似。

首先需要的是电阻、光敏电阻、3 根导线（这里用黑色、红色和黄色的导线来举例）和面包板。

1. 用红色的导线将驱动板的 5V 电源正极与面包板上的供电引脚相连。

2. 接下来用黑色的导线将 Raspberry Pi-Arduino 扩展板的地线引脚与面包板上的地线相连。

3. 如同之前连接热敏电阻那样，现在要将电阻连接到面包板。请将电阻的一头连接到面包板上之前红线连接的那列电源插孔，然后将电阻的另一端插在空闲的插孔。

4. 现在要连接的是光敏电阻，请将光敏电阻的一只引脚连接到面包板的地线，另一只引脚插到之前放置电阻的那行插孔。

5. 最后拿出黄色的导线，一端连接到上面提到的那排电阻插孔上，另一端连接到扩展板模拟输入引脚 A7。

最终完成的连线图应该与图 7.1 一致。

现在，硬件已经就位，我们可以编写测试应用程序了。

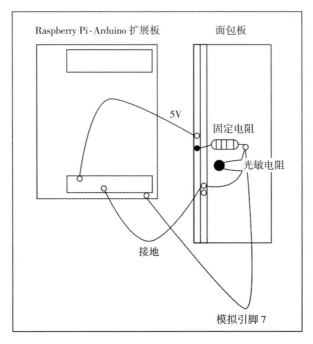

图 7.1

光敏电阻测试程序

跟我们早先的程序一样，我们用 arduPi 里的模板来搭建我们的程序。

启动 Geany，创建一个新文件，将如下代码添加到这个文件里：

```
//Include ArduPi library
#include "arduPi.h"
//Include the Math library
#include <math.h>

//Needed for Serial communication
SerialPi Serial;

//Needed for accessing GPIO (pinMode, digitalWrite, digitalRead,
//I2C functions)
WirePi Wire;

//Needed for SPI
SPIPi SPI;
#define TH 690
```

这是一个标准模板的开头，但我们在这里添加了一个新的名为 TH 的常量，它是阈值（Threshold）的缩写，作用与我们在温度计程序里定义的 setpoint 常量一样。在程序里，我们将采集到的值与这个阈值进行比较，来确定房间的明暗程度是否足以执行相应的操作。

```
/*************************************************************
 *IF YOUR ARDUINO CODE HAS OTHER FUNCTIONS APART FROM      *
 *setup() AND loop() YOU MUST DECLARE THEM HERE            *
 *************************************************************/

/*************************
 *YOUR ARDUINO CODE HERE  *
 *************************/

int main (){
  setup();
  while(1){
    loop();
  }
  return (0);
}


void setup(void) {
  Wire.begin();
}

void loop(void) {

  byte val0;
  byte val1;

  int channelReading;
  float analogReadingArduino;

  /********************
  ADC mappings
  Pin Address

  0    0xDC
  1    0x9C
  2    0xCC
  3    0x8C
```

```
4    0xAC
5    0xEC
6    0xBC
7    0xFC
******************/

//0xFC is our analog 7 pin
Wire.beginTransmission(8);
Wire.write(byte(0xFC));
Wire.endTransmission();

Wire.requestFrom(8,2);
val0 = Wire.read();
val1 = Wire.read();
channelReading = int(val0)*16 + int(val1>>4);
analogReadingArduino = channelReading * 1023 /4095;
```

以上代码也与之前温度计的代码类似。在这段代码里，我们首先设置扩展板上模拟输入引脚（A7）的状态，然后从这个引脚读取光敏电阻的测量值。下一步，我们需要添加一些代码，当光敏电阻采集到的光线变亮或变暗时，它能够显示出相应的信息。

```
if(analogReadingArduino > TH ){
  printf("Getting lighter\n");
}
else
{
  printf("Getting darker\n");
}
delay(3000);
}
```

可以从上面的代码里看出，当光敏电阻检测到的光线强度超过阈值时，程序将会显示信息 "Getting lighter"（变亮）；反之，程序将会显示 "Getting darker"（变暗）。

将文件命名为 *LightSensor.cpp*，保存。然后创建一个新的 Makefile 文件：

```
Photo: arduPi.o
  g++ -lrt -lpthread LightSensor.cpp arduPi.o -o lightsensor
```

写完 Makefile 并保存之后，在编译菜单里生成文件。接着回到终端窗口，在命令行下运行刚刚生成的代码：

```
./lightsensor
```

这样，应用程序就开始运行了。我们可以测试光敏电阻工作是否正常，根据房间里的亮度的不同，你应该可以从终端窗口里看到"变亮"或"变暗"的提示。

如果出现的是"变暗"的提示，你可以试着用手电筒照射光敏电阻，一旦光敏电阻采集到的值高于阈值，程序将会输出"变亮"。

相应的，如果你看到"变亮"的提示，也可以试着用手指遮住光敏电阻，一旦光线低于阈值，提示将会变成"变暗"。

除错与调试

在以上关于光敏电阻的实验中，如果传感器有些问题不能正常工作，请试试以下步骤。

- 请检查确保所有元件都已经无误、可靠地连接在面包板和扩展板上。
- 试着改变应用程序中设置的阈值，确保它可以检测到敏电阻的明暗差异。

安装电机驱动板

至此，本电路的第一部分完成了，我们已经有了一个可以采集光线变化数据并通过应用程序显示出来的设备。

接下来，我们需要将电机驱动板与这个设备相连接。当它们组合在一起后，我们就有了一个可以控制窗帘开关的设备了。

下面就开始搭建这个设备吧。

组件连线

与之前的步骤不同，我们要对 Arduino 的扩展板做一些小的改动。电机驱动板用到的是引脚 11～13，但在 Raspberry Pi 上有些引脚已经作为 SPI 接口了，所以我们需要将驱动板上现有的一些引脚禁用。在这个过程中，你需要用到平头螺丝刀。

1.将连接面包板和扩展板的红线、黑线和黄线拔下。

2.用螺丝刀将数字引脚 4、5、6、11、12 和 13 折弯，不需要将这些引脚都取下，但请确保它们不会与扩展板的连接器接触。

3.将电机驱动板与 RaspberryPi-Arduino 扩展板相连。我们需要在它们之前设置一些跳线，将电机驱动板上的数字引脚 11、12、13 分别与 RaspberryPi-Arduino 扩展板引脚 4、5、6 相连。

4.至此，两个扩展板已经连接到一起了，接着把两根导线连接到驱动板的 A 端子。你可以用小号的平头螺丝刀拧松或拧紧端子上的连接螺丝，一旦所有连接都已就位，请把电池连接器的正负极连接到驱动板，请确保红线连接的是正极，黑线连接的是负极。

5.下一步，请将电机接到 A 端子引出的两根导线上。至此，驱动板的连接已完成。

6.下面来连接光敏电阻，按照之前那样，用红线接 5V，黑线接地线，最后将黄线与引脚 A7 相连。

7.所有电路完成后，接线应当与图 7.2 所示相同。

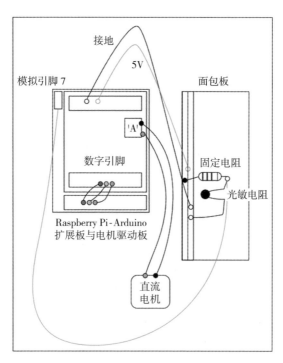

图 7.2

7.4　窗帘控制程序

在开始编写利用光敏电阻控制窗帘电机的程序之前，首先介绍几个在编写应用程序过程中涉及的概念，以便理解软件是如何工作的。

脉宽调制

脉宽调制（Pulse Width Modulation，PWM）是利用数字信号对模拟电路进行控制的一种非常有效的技术。如果一个数字输出引脚被置为高电平，输出是 5V；设置为低电平时，它的输出是 0V。PWM 可以让我们模拟输出 0 ~ 5V 的电压值。

在软件中进行设置后，我们可以创建一种称为**方波**（Square Wave）的波形，通过将数字输出引脚快速且有规律地打开和关闭，使连接在设个引脚上的设备产生稳定的输出信号。在我们这个项目里，这个连接的设备就是直流电机。通过改变不同的调制方式，即改变在一个固定周期内该引脚上的开关被打开和关闭的毫秒数，产生的结果将会反应在电机上，电机的转速会随之改变。

我们的程序里，为了产生稳定的 PWM 信号，需要用到名为"线程"（Thread）的概念，它的具体用法，我们将会在接下来的内容里涉及。

线　程

你也许会注意到，之前当我们执行 Makefile 文件时，编译的指令后面有"-lpthread"的参数。

pthread 库可以让我们创建带有线程的应用程序。在程序里，线程本质上就是一个分支，它可以在应用程序执行其他任务的同时，继续执行本程序。

在这个程序里，可以在 loop( ) 函数外持续不断地产生 PWM 信号，直到我们要求它停止。

例如，在 setup( ) 函数里，我们创建一个线程用以在扩展板的引脚 3 上产生 PWM 信号，在 loop( ) 函数里，我们可以处理其他任务，也可以将 PWM 这个线程暂停，更新产生 PWM 信号的开关时间，然后重新启动，新设置的值就会在 PWM 线程里生效。

你将会看到，在接下来的窗帘控制程序中，我们将会用到这个概念。

代码编写

下面，我们来着手在原来光线采集传感器代码的基础上，在程序上扩展电机驱动板的控制功能。

打开 Geany，创建一个名为 *CurtainControl.cpp* 的文件，在这个文件里输入如下代码：

```
//Include ArduPi library
#include "arduPi.h"

//Needed for Serial communication
SerialPi Serial;

//Needed for accesing GPIO (pinMode, digitalWrite, digitalRead,
//I2C functions)
WirePi Wire;

#define TH 690
#define DIRECTION 5
#define PWMPIN 3
```

这里与 *LightSensor.cpp* 中所做的一样，使用的仍然是标准模板的头。在这之后，我们新添加了两个名为 DIRECTION 和 PWMPIN 的常量。

常量 DIRECTION 用以指定驱动板上用来控制电机状态的引脚，通过改变该引脚上的信号，可以让电机顺时针或逆时针转动。

而常量 PWM 是用来指定产生 PWM 方波信号的引脚的。

定义完引脚之后，继续添加如下代码：

```
pthread tpwmthread;
pthread_mutex_tpwmmutex = PTHREAD_MUTEX_INITIALIZER;
```

我们用以上代码来声明在引脚 3 上产生 PWM 信号的线程，这个线程名为 pwmthread。下面添加两个用来指示状态的布尔型变量：

```
boolean off_on;
boolean open_state;
```

顾名思义，这两个变量一个用来表示电机正处于转动或停止状态，另一个则表示窗帘处于打开或关闭状态。

```
/*************************************************
 *IF YOUR ARDUINO CODE HAS OTHER FUNCTIONS APART FROM   *
 *setup() AND loop() YOU MUST DECLARE THEM HERE         *
 *************************************************/

/***********************
 *YOUR ARDUINO CODE HERE  *
 ***********************/

void* pwm(void *args)
{
  while(1){
    if(off_on == true)
    {
      digitalWrite(3, HIGH);
      delayMicroseconds(100);
      digitalWrite(3, LOW);
      delayMicroseconds(1000 - 100);
    }
    else
    {
      digitalWrite(3, LOW);
    }
  }
  return NULL;
}
```

　　这个函数的主要目的是产生脉宽调制信号，随着 while 循环不停地执行，引脚 3 在被置高和置低之间不断地周期性切换。在两种状态切换之间有着一定的延时，从而就起到了控制电机速度的目的。

　　程序中还包含一个检查电机运动或停止的条件语句。如果该变量设置为 false，那么这意味着窗帘处于完全开启或完全关闭的状态，这样，我们需要将引脚 3 设置为 0（低）。

　　接下来，我们需要一个函数来控制电机的状态。这个功能"暂停"线程，更新电机的启停状态，然后重新启动线程。

```
void controlMotor(boolean state)
{
  pthread_mutex_lock(&pwmmutex);
  off_on=state;
  pthread_mutex_unlock(&pwmmutex);
}
```

这使得我们在应用程序的任何地方都可以关闭 PWM 信号，从而使电机停止。

```
int main(void)
{
  setup();
  while(1){
    loop();
    delay(100);
  }
  return 0;
}

void setup(){

  pthread_create(&(pwmthread), NULL, &pwm,NULL);
  pinMode(DIRECTION, OUTPUT);
  Wire.begin();
}
```

在 setup( ) 函数里有两条新的指令，第一条用来创建 PWM 线程，第二条设置常量 DIRECTION 所定义的引脚为输出状态。

```
void loop(){

  byte val0;
  byte val1;

  int channelReading;
  float analogReadingArduino;

  /*******************
  ADC mappings
  Pin Address

  0    0xDC
  1    0x9C
  2    0xCC
  3    0x8C
  4    0xAC
  5    0xEC
  6    0xBC
  7    0xFC
  *******************/
```

```
   //0xFC is our analog 7 pin
Wire.beginTransmission(8);
Wire.write(byte(0xFC));
Wire.endTransmission();

//GET PHOTORESISTOR READING
Wire.requestFrom(8,2);
val0 = Wire.read();
val1 = Wire.read();
channelReading = int(val0)*16 + int(val1>>4);
analogReadingArduino = channelReading * 1023 /4095;
```

下面，我们需要添加一段处理从 A7 上获得光照数据的代码：

```
if(analogReadingArduino > TH && open_state == false){

  controlMotor(true);
  digitalWrite(DIRECTION, HIGH);
  delay(5000);
  open_state = true;
  controlMotor(false);
}
else{
  if(analogReadingArduino < TH && open_state == true){
    controlMotor(true);
    digitalWrite(DIRECTION, LOW);
    delay(5000);
    open_state = false;
    controlMotor(false);
  }
}
```

这里有一个条件语句用来判断读取到的光照值与阈值的大小，如果光照的强度超过了阈值且窗帘处于关闭状态，将会执行如下指令。

1. 调用 controlMotor( ) 函数，并且传递布尔值 true。

2. 将控制电机旋转方向的引脚 5 设置为高电平，设置电机的旋转方向为顺时针。

3. 让电机保持 5s 的旋转时间，以便窗帘完全打开。

4. 调用 controlMotor( )，传递布尔值 false，将电机关闭。

下面，让我们看看 if 里下一段代码起的作用

首先检查从引脚 A7 读到的值，如果小于我们设置的阈值且窗帘处于开启

的状态，那么说明天已经黑了，需要关闭窗帘了。

1.再一次调用 controlMotor( ) 函数，将开启电机。

2.通过把引脚 5 设置为低电平，设置电机的旋转方向为逆时针。

3.设置 5s 的延时，确保窗帘完全合上。

4.将电机关闭。

至此，应用程序的代码已经全部完成了。下面编译它，并在整个电路上进行测试。

在 Geany 里为窗帘控制应用程序创建 Makefile 文件，并在文件里添加如下指令：

```
Curtain: arduPi.o
  g++ -lrt -lpthread CurtainControl.cpp arduPi.o -o curtaincontrol
```

在 Build 菜单里运行 make 指令，然后回到命令行模式启动应用程序：

```
./curtaincontrol
```

现在，你的窗帘控制程序已经开始运行了，试着改变光敏电阻上的亮度，你会发现电机会相应地朝着不同的旋转方向运转，并且过一段时间后会自动停止。

除错与调试

如果应用程序不能正常工作，请尝试通过如下步骤来检查：

1.检查相关引脚上的跳线是否连接正确。

2.请确保面包板和扩展板上的导线都已牢固连接。

3.请确保给电机驱动板提供了足够的电能，你可以将 9V 电池直接连接到电源连接器上进行测试。

4.试着改变代码里面的阈值 TH，以适合 Raspberry Pi 所处位置的环境光线。

连接窗帘

我们需要做的最后一步就是把电机与窗帘连接起来，其过程在很大程度上取决于窗帘的类型。如果窗帘很重，就需要扭矩很大的电机来驱动它，9V 电机也许不能满足要求，这时你可以考虑使用 12V 电机。

下面让我们来看看 loop( ) 函数里的延时。

连接电机和12V供电线路时，请确保断开电机驱动板的电源。

时间调整

在应用程序里，我们在条件语句里设置了5s的延时来打开或关闭窗帘，但这个值是我们在编写应用程序时随意设置的，当你将电机与窗帘连接好后，需要重新计算窗帘打开和关闭的具体秒数。当然，如果你觉得窗帘打开或关闭的速度太慢，也可以调整pwm()函数里的数据，以降低或提高速度。

一旦连接好了硬件，试着多调整几次时间数据。例如，你不希望光线变暗时百叶窗完全关闭，而只希望光线减少75%，就应该适当缩短关闭百叶窗时电机运行的时长。

硬件连接

现在，我们需要将直流电机固定在窗帘的拉绳上，最好通过一个滑轮来连接它们。

你可以在网上或附近的五金商店里找到各种各样的带槽滑轮，根据窗帘的不同选择一个合适的。

请确保在安装滑轮和百叶窗时，不要运行窗帘控制应用程序，因为这可能会带来一些麻烦。

将滑轮与电机的轴连接，它们应当紧紧地连接在一起，电机启动时，不会出现打滑或脱落。

一旦确定电机与滑轮连接正常，你就可以把窗帘或百叶窗的拉绳连接在滑轮上了。这项安装工作很大程度上取决于你使用的窗帘类型，通常来说，窗帘会有一个循环的拉绳，这个拉绳可以控制窗帘的开合。将这个拉绳固定在滑轮上面，确保滑轮的槽与绳子贴合正常。

现在，我们试着把应用程序里的延时值设为1s，重新编译这个程序。

这样我们的应用程序会以 1s 的时间执行打开或关闭的操作，通过命令行执行程序，注意窗帘在 1s 的时间里运动了多少。

有了这个数据，我们就能够估计窗帘完全打开或关闭所需要的时间，将这个数字放到程序里重新编译，多试几次，以便精确地确定时间，以便达到我们期望的效果。

除错与调试

如果窗帘不能正常打开或关闭，也许存在以下几种问题。

1. 检查滑轮是否紧密地连接在电机的轴上

2. 请确保拉绳与滑轮的连接足够紧，当电机转动时不会打滑。

3. 如果 9V 电机转不动，试着将它升级成 12V 的。

4. 如果窗帘打开或关闭速度太快，请根据上文调节代码里的延时。

现在，你拥有一个可以根据房间里的环境光线控制窗帘的应用程序的电路。不过记得经常检查拉绳的张力，因为它们可能随时间而改变，并影响开启和关闭的设置精度。

7.5　小　结

在本章中，我们接触了一些新的概念，包括脉宽调制，以及如何在应用程序里使用线程，我们还学习了如何使用光敏电阻，并从中读出了光照的值。

另一个重要进展是我们修改了电机驱动板，使得它能够与 Raspberry Pi-Arduino 扩展板一同工作。

在下一章里，我们将会把到目前为止学到的东西做一次回顾，看看在未来的项目中，我们可以利用本书里学到的东西开发出怎样的产品。

第8章

总 结

在之前几章里，我们接触了各式各样的工具和技术，这些工具和技术对我们实现智能家居的应用很有帮助。以上内容详细介绍了 Raspberry Pi 及 Arduino 技术，现在你可以在它们的基础上扩展你自己的设计。

在本章中，我们将复习前几章学过的知识，然后学习如何提高技能并且开始设计你自己的 Raspberry Pi 扩展板。

我们首先会一起看看 Raspberry Pi 原型机扩展板，然后探索 Raspberry Pi 上的 GPIO 引脚，这样你就可以通过扩展板使用 Raspberry Pi。我们也将学习 wiringPi 库和 Gertboard，它们能够帮助编写智能家居项目。接下来，我们会介绍一些利用你在本书中学习过的技术就可以实现的较为复杂的程序，其中一些程序需要以先前我们编写过的程序为基础。最后，我们将总结全书，展望未来。

为了完成本章的任务，你需要准备：

- Raspberry Pi
- Adafruit 公司生产的 Raspberry Pi 原型机扩展板
- LED 屏
- 烙铁
- 护目镜
- 焊锡

Gertboard 可以通过 Newark/Element14 在 *http://www. Newark.com/* 上买到。

首先，让我们来简要回顾前几章内容。

8.1 回顾前几章内容

在第 1 章"Raspberry Pi、Arduino 与智能家居"和第 2 章"开始使用 Raspberry Pi"中，我们学习了一些 Raspberry Pi 和 Cooking Hacks 扩展板的背景知识。我们了解到可以使用第三方扩展板连接 Raspberry Pi，这让我们有能力通过 Raspberry Pi 的 GPIO 引脚来控制连接在扩展板上的装置。

第 3 章"开始安装 Raspberry Pi-Arduino 扩展板"和第 4 章"开始第一个项目：简单的温度计"介绍了通过面包板连接外部设备并把数据接入 Raspberry Pi。我们还学习了如何通过程序来获取这些数据，并借助第三方开发库来直接使用 Arduino 开发语言中的一些功能。

在第 5 章"从温度计到恒温器：升级第一个项目"中，我们介绍了如何通过 Raspberry Pi 获得数据去控制别的设备，如继电器。我们还学习了如何通过设备去控制实际的家用电器。

至此，这些章节的内容已经完整覆盖了感知周围环境、控制相关设备和接入家用电器的所有基础知识。

接着在第 6 章"温度数据的存储：建立数据库来存储结果"中，我们学习了记录和存储数据的一些方法。

第 7 章"自动窗帘：根据环境光线自动开关窗帘"综合使用了前几章所介绍的知识，并通过 Arduino 电机驱动板来控制直流电机。

由此可以看出，通过前面章节的学习，我们逐步学习了各种技术，并把这些技术应用到各种设备上，实现了各种智能家居应用。

有了这些基础，现在我们可以来看看如何设计、制作更多有意思的设备。

8.2 下一步工作

我们已经回顾了完成过的所有项目，下面我们一起看看后续还有什么值得关注的。

首先上场的是 Pi Plate 原型板，然后会介绍 Gertborad 及一些背景知识。最后，我们会基于 Cooking Hacks 扩展板、Gertboard 或 Pi Plate 原型板提出一些新的想法。

Pi Plate 原型板

Pi Plate 原型板是由 Adafruit Industries 公司开发的，相关信息可以在如下网址查阅：

http://learn.adafruit.com/adafruit-prototyping-pi-plate/overview

通过使用这个套件，可以方便地连接 Raspberry Pi 上的 GPIO 引脚，这在我们先前用过的 Cooking Hacks 扩展板中已经熟悉了。与 Raspberry Pi-Arduino 扩展板不同，这个套件需要自行焊接后才可以使用。有了这个套件，你就有了一个开发新项目的平台。Pi Plate 原型板总共只有一块电路板，上面提供了穿孔板和面板包两种类型的接口。

Raspberry Pi 的 GPIO 引脚分布在这块原型板的边缘，以螺丝端子的形式出现。同时，在原型板的中间，还以常规排针的方式提供了 GPIO 引脚。

通过使用这块原型板，你可以把各种组件直接焊接在上面，也可以在上面放置一块小号面包板，完成电路的原型设计。

比如，我们在第 4 章完成的温度计，完全可以把相关组件直接焊接到这块原型板上，这样只需要一块扩展版就满足了所有的需求，从而整套设备也显得更为紧凑。

下面的网址提供了有关如何焊接这块原型板的详细说明：

http://learn.adafruit.com/adafruit-prototyping-pi-plate/solder-it

在进行焊接工作时，请注意佩戴眼睛防护罩，避免意外。尽量选择通风条件较好的地方完成焊接工作。

图 8.1 列出了 Raspberry Pi 的 GPIO 引脚分布和命名规则与在 Pi Plate 原型板上的对应关系，可以随时用于参考。图中各引脚是按照 Raspberry Pi 主板右上角的 GPIO 引脚布局来分布的。

图中有一些引脚被标注为"未使用"，这些引脚在当前版本的 Raspberry Pi 中没有用到，可以用于未来的扩展。

1 - 3.3V	2 - 5V
3 - SDAO	4 - 未使用
5 - SCLO	6 - 接地
7 - IO7	8 - TxD
9 - 未使用	10 - RxD
11 - IO0	12 - IO1
13 - IO2	14 - 未使用
15 - IO3	16 - IO4
17 - 未使用	18 - IO5
19 - MOSI	20 - 未使用
21 - MISO	22 - IO6
23 - SCLK	24 - CE0
25 - 未使用	26 - CE1

图 8.1

引脚总共有两排，每个引脚上都标注了对应的名字，如引脚 1 就是 3.3V 供电引脚。

有了这些基本的信息，我们就可以通过写代码来操作这些 GPIO 引脚，或者通过一些通用的软件库来读写 GPIO 数据。下面马上要讲到的 wiringPi 库可以与 Pi Plate 原型板配合使用，提供了一些有用的软件工具。

wiringPi 库

Gordon Henderson 所编写的 wiringPi 库与 arduPi 库很相似，可以用于操控 Raspberry Pi 的 GPIO 引脚，所以很多时候你也可以用 wiringPi 库来开发 Raspberry Pi 应用。

wiringPi 库支持很多原本只在 Arduino 上才支持的功能，如对 PWM 的支持。

wiringPi 网站上提供了很详尽的使用说明：

https://projects.drogon.net/raspberry-pi/wiringpi/

wiringPi 库在 github 上的链接：

https://github.com/WiringPi/WiringPi

下面是通过 Raspbian 命令行安装 wiringPi 库的步骤。

1. 打开终端窗口，先安装版本控制软件 git：

```
sudo apt-get install git-core
```

 git 是一种版本控制软件。github 是一个软件代码仓库，使用这个软件可以从 github 上获取软件代码。

2. 当 git 安装完毕后，就可以从 github 获取 wiringPi 代码了。在终端中输入：

```
git clone git://git.drogon.net/wiringPi
```

3. 命令执行完后，wiringPi 的代码就下载到计算机上了。

在 wiringPi 目录中有对应的 Makefile，可以用于把 wiringPi 库安装到计算机。

wiringPi 安装完成后，可以先试验一下它自带的示例程序。如在示例代码目录中，*test2.c* 提供了模拟 PWM 的演示。如果你把一个 LED 连接到引脚 2 并运行这个测试程序，你会看到 LED 慢慢点亮和熄灭（呼吸灯效果）。

Pi Plate 原型板和 wiringPi 的组合是 Cooking Hack 扩展板很好的代替品。下面我们来看看另一个 Raspberry Pi 扩展板——Gertboard。

Gertboard

Gertboard 可以连接到 Raspberry Pi 的 GPIO 引脚上，这与我们先前所了解的那些扩展板很相似，这样做可以让用户连接更多的电子组件到 Raspberry Pi 的 GPIO。

Gertboard 是由 Gert Van Loo 设计开发的，名字也来源于开发者的姓名。

Gert Van Loo 与 Ebon Upton 在 Broadcom 工作时，一起设计过一个最简的计算机。他们选用了 BCM2835 这个为多媒体应用优化过的处理器，这也是 Raspberry Pi 最初的原型。

后来，Raspberry Pi 取得了巨大的成功，Gert Van Loo 就开始着手开发一块可以让 Raspberry Pi 变得更强大的扩展板，这就是 Gertboard。Gertboard

是一块 PCB（印制电路板），包含很多可以焊接在一起的组件，并且可以连接到 Raspberry Pi，用于扩展 GPIO 引脚。

与其他类似的扩展板一样，通过使用 Gertboard，可以让 Raspberry Pi 上的程序去控制更多电子组件。

虽然 Gertboard 不是 Raspberry Pi 基金会官方的产品，但是它得到了来自基金会成员的资助，并且通过 Newark/Element14 的渠道与 Raspberry Pi 同步发售。

与 Raspberry Pi-Arduino 扩展板一样，你可以使用 Gertboard 完成智能家居中所需要的很多功能，如记录温度变化情况并控制空调、使用环境光线传感器来控制窗帘开关。

Gertboard 套件中提供了很多有用的组件，如传感器、LED、DAC、电机等。这些都可以在智能家居项目中使用，例如：把模拟信号转换为数字信号并记录下来、用电机控制其他设备移动，或者通过 LED 显示状态和信息。

Gertboard 套件简介

最初一批 Gertboard 是以套件形式出售的，用户需要自己把它们焊接起来使用。2012 年底开始发售预先焊接好的升级版套件。

这个套件中包含以下组件：

- 按钮
- GPIO PCB 板
- 连接电缆
- LED（发光二极管）
- ADC（模数转换器）
- DAC（数模转换器）
- 48V 电机控制器
- ATmeag 微控制器

图 8.2 是 Gertboard 的组件分布示意图，下面逐一介绍。

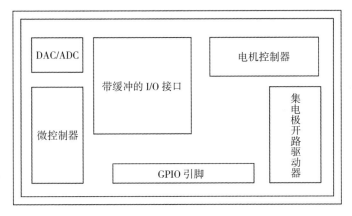

图 8.2

GPIO PCB 扩展板

GPIO 扩展板是一块成品 PCB，这是 Gertboard 的基础，其他组件都是安装在这个 PCB 上的。这块板可以与 Raspberry Pi 的 GIPO 引脚相连。

GPIO 引脚

Gertboard 与 Raspberry Pi 一样，也有自己的 GPIO 引脚。Gertboard 套件中的电缆可以用于把 Raspberry Pi 与 Gertboard 通过 GPIO 引脚连接起来，并提供两块板之间的物理连接。

电机控制器

电机控制器可以用于控制与 Gertboard 相连的电机的工作，它可以提供控制电机开关、转动速度、改变转动力矩或方向等功能。

Gertboard 的电机控制引脚可以连接一个直流电机，并接受电机控制器的控制。

它上面还装备了一个保险丝和一个温度传感器，用于防止电流过大或设备过热。

如果使用了 Gertboard，就不再需要我们在第 7 章中所使用的电机扩展板了。

集电极开路驱动器

Gertboard 上的集电极开路（Open Collector，OC）驱动器用于控制与 Gertboard 相连的设备的开启或关闭，这对于连接一个需要较高工作电压的外部设备来说非常有用。

OC 驱动的一个常见应用是连接一些真空荧光显示屏（Vacuum Fluorescent Display，VFD）之类的显示设备。这种显示设备在电饭堡和微波炉等家用电器中比较常见，通常用于显示烹饪时间或当前温度。

带缓冲的 I/O 接口

Gertboard 上的输入输出接口可以用于连接按钮或 LED。可以通过调整跳线来把接口设置为输入或输出状态。

举个例子，按钮一般被用作输入设备，LED 一般被用作输出设备。如果要点亮一个 LED，就需要通过 Raspberry Pi 输出一个信号给 Gertboard 的输出接口来实现。

按钮的工作方式则正好相反，按钮的状态通过 Gertboard 的输出接口输出给 Raspberry Pi 的输入接口进行处理。

使用跳线时，请按上面的示例仔细思考应该使用什么模式。输入跳线指的是把信号输入到 Raspberry Pi，输出跳线是指获取 Raspberry Pi 的输出。

Atmel ATmega 微控制器

这就是 Gertboard 的微控制器，这个微控制器通过一片集成电路实现了对 Gertboard 上各组件的输入和输出处理。

Arduino 所使用的开发语言也可以在 Gertboard 上使用。所以安装一些 Ardunio 的开发工具，就可以通过它们修改现有的 Arduino 程序或编写新的程序在 Gertboard 上运行。

转换器——ADC 与 DAC

ADC（Analog to Digital Convertor，模数转换器）和 DAC（Digital to Analog Convertor，数模转换器）用于把一种信号格式转换成另一种。它们在录制音频和视频的过程中有着非常广泛的应用，同时也可以用于把温度传感器等输出的模拟信号转换为数字信号。

这些概念我们已经在第 4 章、第 5 章和第 7 章中进行了阐述。

如果你想进一步深入了解 Gertborad，可以从 Element14 的网站上下载它的使用手册。这本使用手册深入介绍了 Gertboard 上的各种电子组件。

http://www.element14.com/community/servlet/JiveServlet/downloadBody/48860-102-3-256002/Gertboard_User_Manual_Rev_1%200_F.pdf

Element14 的网站还提供了 Gertboard 套件的组装手册，一步步指导你把 Gertboard 组装起来。

http://www.element14.com/community/servlet/JiveServlet/ downloadBody/48916-102-1-256003/Gertboard_Assembly_Manual_Rev1.1_ F.pdf

为 Gertboard 编程

你可以在网上找到一些用 C 语言为 Gertboard 所写的示例程序，这些程序可以在 Element14 的网站上下载：

http://www.element14.com/community/solutions/6438/l/gertboard- application-library-for-gertboard-kit-linux

这些程序可以在 Geany 中打开并通过 Makefile 进行编译。

改进目标

本书已经向你展示了很多智能家居相关的传感设备和自动化工具。

有了完成这些项目的基础知识，你就已经拥有了把这些项目进一步扩展或设计新的智能家居设备的能力。

下面列出了一些未来你可以尝试的项目。

扩展自动窗帘，加上温度感应功能

我们在第 7 章中所介绍的自动窗帘，是依据光线强弱来决定是否要打开或关闭窗帘的。

你可以尝试把第 4 章中所介绍的温度传感器添加到这个项目中，通过修改程序，就可以依据环境温度来自动控制窗帘的打开或关闭。

根据环境温度来开关窗帘，有助于室内保暖，节约能源。

我们还可以把第 6 章中介绍的数据库技术融入这个项目，把窗帘开启和关闭的情况记录到数据库中。以后通过这些统计数据就可以帮助我们了解某个时段内屋子里接受太阳照射的时间。

要实现这些功能，只需要第 4 章和第 7 章中所介绍过的那些组件，无须添置额外的组件。

把自动窗帘的电机换为步进电机

在第 7 章中，我们实现自动窗帘时选用的是一个普通的直流电机。

可以考虑把普通直流电机换成步进电机。

所谓步进电机，是指它的转动通过一系列固定的步伐累积而成，所以可以精确地对窗帘开启的大小进行控制。

通过光敏电阻控制开关灯

我们已经学习了如何通过继电器和温度传感器来控制风扇的开关，类似的原理也可以应用到台灯或其他照明设备上。通过使用继电器和光敏电阻，配合相应的程序改动，可以实现当房间光线变暗时自动打开电灯的功能。

用 LED 制作节日彩灯

第 7 章中我们实现过一个 PWM 控制程序，用来控制 LED 的渐亮渐暗。这就是制作一组能按指定间隔闪烁的节日彩灯的技术基础。在这个项目的基础上，你可以让彩灯根据音乐的节奏闪烁，看起一定会非常棒。

智能家居的未来

Raspberry Pi 和 Arudino 是我们实现智能家居的两个重要工具。随着科学技术的不断进步，我们可以自己在家里倒腾出来的用于智能家居的设备也会越来越多。

下面我们一起看看其他可以在家自己动手尝试的工具。

3D 打印

所谓 3D 打印，其实是一种快速原型构造过程，可以通过拍摄一张 3D 照片，然后再把它用塑料或金属"打印"成物理模型。

3D 打印技术的出现，又向智能家居发烧友的工具箱中添加了一把利器。通过 3D 打印，可以方便地为各种设备设计外壳并用塑料把它制成成品，这可以促成更多精彩设计。

Makerbot 等公司生产的 3D 打印机开创了家用 3D 打印的市场。对于买不起 3D 打印机的情况，Shapeway（*www.shapeway.com*）等在线服务器提供了另一种选择，用户只需上传 3D 模型，Shapeway 就可以使用用户所选择的材料，把它用 3D 打印机打印出来，并寄给用户。

 Makerbot 的网站是 *http://www.makerbot.com*。

在 Shapeway 的网站上，Raspberry Pi 的外壳就是一个热销商品。

RFID 芯片

RFID（Radio Frequency Identification）是一种嵌入式芯片，可以通过 RFID 设备读取它内部所存储的信息。

RFID 在日常用品中已经变得越来越常见。

当 RFID 完全普及后，智能家居设备就可以感知到物品进出家门的情况，后台的系统就可以记录下家里所有的物品的存量情况。

当你把空罐子或包装扔出家门时，库存系统就可以自动在数据库中核减相应的库存。

所以，有了 RFID，家庭生活用品的库存管理就成了一个流畅无缝的过程。

EEG 设备

EEG 设备可以让人们通过思想与计算机进行交互。这听起来很像科幻小说，但实际上我们已经可以买到一些这样的设备，如 Emotiv 头套（参考 *http://www.emotiv.com/*）和 Interaxon Muse（参考 *http://www.indiegogo.com/interaxonmuse*）。这些设备正在尝试开拓家用 EEG 设备的市场。

随着 EEG 设备和配套软件的不断丰富，通过这种技术来实现智能家居控制只是时间问题。

可以通过思想来控制外部设备，这对于智能家居发烧友来说，足以设计出各种出色的应用。这样做对于残疾人来说也非常有意义，这为他们提供了控制家用设备的一种新途径。

EEG 设备技术还刚刚起步，我们相信未来会有很多机会应用 Raspberry Pi 来配合它们做出更多激动人心的项目。

8.3 小 结

Raspberry Pi 是一台廉价的计算机，但它具备很大的潜力。选择 Raspberry Pi，你就拥有了一个构建智能家居的完美平台。

本书的写作目标是，通过各种实例循序渐进地加深读者对 Raspberry Pi、Arduino、Linux 及相关知识的熟悉程度。

我们所设计的项目涵盖了把 Raspberry Pi 用于智能家居设计的各个方面，

并且通过利用一些现有的 Arduino 工具来进一步增强 Raspberry Pi 的功能。各种更新、更强大的组件正在不断问世，我们有理由相信这项技术的前景是非常广阔的。

　　Raspberry Pi 的社区也在高速成长中，如果你愿意在社区分享你的成果，或者有任何问题需要咨询，都可以访问 Raspberry Pi 的在线论坛：

http://www.raspberrypi.org/phpBB3/

Arduino 的社区同样也很活跃，如果有问题想寻求帮助，可以访问它的论坛：

http://arduino.cc/forum/

本书从智能家居的历史出发，完结于智能家居的未来。

　　希望本书所讲述的内容可以引导读者进入智能家居的世界，开启未来之旅。

附　录
参考资料

　　附录中提供一些你在未来的项目中将会用到的资源与网址链接，以便你学习掌握本书中提到的技术。

　　这些链接涉及很多网站，既有商业项目也有开源社区。这些网址链接提供了本书中使用过的命令，以及编程语言的进一步信息。

Raspberry Pi

以下链接提供 Raspberry Pi 及 Raspbian 操作系统的信息及技术支持。

- Raspberry Pi 官方网站：*http://www.raspberrypi.org/*
- Raspberry Pi 官方论坛：*http://www.raspberrypi.org/phpBB3/*
- Raspbian 操作系统网站：*http://www.raspbian.org/*
- BerryBoot 启 动 管 理 工 具：*http://www.berryterminal.com/doku.php/berryboot*
- WiringPi 库：*https://projects.drogon.net/raspberry-pi/wiringpi/*
- WiringPi 下载地址：*https://github.com/WiringPi/WiringPi*
- Gertboard 用 户 手 册：*http://www.element14.com/community/servlet/JiveServlet/downloadBody/48860-102-3-256002/Gertboard_User_Manual_Rev_1%200_F.pdf*
- eLinuxRaspberry Pi Hub：*http://elinux.org/RPi_Hub*

Raspberry Pi-Arduino 扩展板

关于 Cooking Hacks 出品的 Raspberry Pi-Arduino 扩展板信息可以在以下网址找到。

- Cooking Hacks 公司网站：*http://www.cooking-hacks.com/*
- Raspberry Pi-Arduino 扩展板教程：*http://www.cooking-hacks.com/index.php/documentation/tutorials/raspberry-pi-to-arduino-shields-connection-bridge*
- arduPi 库（适用于第 1 版）：*http://www.cooking-hacks.com/skin/frontend/default/cooking/images/catalog/documentation/ raspberry_arduino_shield/arduPi_rev1.tar.gz*
- arduPi 库（适用于第 2 版）：*http://www.cooking-hacks.com/ skin/frontend/default/cooking/images/catalog/documentation/ raspberry_arduino_shield/arduPi_rev2.tar.gz*

Linux 系统

网上有大量关于 Linux 系统的信息。以下链接提供本书中使用过的命令和软件包的概览。

- Screen 使用手册：*http://www.gnu.org/software/screen/manual/screen.html*
- Raspbian 系统软件包的信息：*http://elinux.org/Raspbian*
- apt-get 使用手册：*http://linux.die.net/man/8/apt-get*
- Wget 使用手册：*http://www.gnu.org/software/wget/manual/wget.html*
- Linux 内核文档：*http://www.kernel.org/*
- Geany IDE 文件编辑器：*http://www.geany.org/*
- Make 命令手册：*http://linux.die.net/man/1/make*
- Chmod 命令手册页：*http://linux.die.net/man/1/chmod*
- Chown 命令手册页：*http://linux.die.net/man/1/chown*

Python 语言

Python 提供了多种多样且非常有用的资源，包括关于 WSGI 技术的信息都能在下列链接中找到。

- Python 语言官方网站：*http://www.python.org/*
- Python 语言文档：*http://docs.python.org/*
- WSGI 主页：*http://www.wsgi.org/*
- Python 语言的包管理工具 pip：*http://pypi.python.org/pypi/pip*
- Python 语言的下载地址：*http://www.python.org/getit/*

C/C++ 语言

下列链接提供 C 语言和 C++ 语言的进一步信息。

- C 与 C++ 语言编程参考：*http://www.cprogramming.com/*
- POSIX 线程：*https://computing.llnl.gov/tutorials/pthreads/*
- G++ 编译器：*http://linux.die.net/man/1/g++*

Arduino

我们提供许多关于 Arduino 硬件和软件的有用资源，你可以使用这些资源来学习更多的开源技术。

- Arduino 官方主页：*http://www.arduino.cc/*
- Arduino 官方论坛：*http://arduino.cc/forum/*
- Arduino 官方商城：*http://store.arduino.cc/*
- Arduino 开发工具下载：*http://arduino.cc/en/Main/Software*
- Arduino 硬件：*http://arduino.cc/en/Main/Products?from=Main.Hardware*
- *Makezine* 杂志 Arduino 博客：*http://blog.makezine.com/arduino/*

SQL 结构化查询语言

SQL 结构化查询语言有不同种类，以下网址是本书中提及的编写温度存储数据库时使用的 SQLite 语言。

- SQLite 语言主页：*http://www.sqlite.org/*

- SQLite 语言下载：*http://www.sqlite.org/download.html*
- SQLite 语言参考资料：*http://www.sqlite.org/docs.html*
- W3 Schools 网页技术教程网站中关于 SQL 结构化查询语言的指导教程：*http://www.w3schools.com/sql/default.asp*

HTSQL 查询语言

以下链接深入指导 HTSQL 查询语言，以及被用来通过网址与 HTSQL 服务器交互的 HTRAF 工具。

- HTSQL 查询语言的官方网站：*http://htsql.org/*
- HTSQL 查询语言教程：*http://htsql.org/doc/tutorial.html*
- HTSQL 查询语言下载：*http://htsql.org/download/*
- HTRAF 查询语言工具包：*http://htraf.org*
- HTSQL Python 语言主页：*http://pypi.python.org/pypi/HTSQL*
- HTSQL 查询语言邮件列表：*http://lists.htsql.org/mailman/listinfo/htsql-users*

Apache 软件

网上有很多 Apache 软件资源，这些资源提供网络服务器的信息、框架及公共参考资料。

- Apache 软件基金会主页：*http://www.apache.org/*
- 下载 Apache 软件：*http://www.apache.org/dyn/closer.cgi*
- Apache 软件网页服务器：*http://httpd.apache.org/*
- Apache 软件文档：*http://httpd.apache.org/docs/*
- Modwsgi 开源网页应用框架：*http://code.google.com/p/modwsgi/*

电子元件

你可以在网上从不同途径订购电子组件。以下是本书中所用组件的主要供应商网站。我们也提供基础电子元件使用的指导链接。

- Adafruit Industries：*http://www.adafruit.com/*
- Cooking Hacks 公司：*http://www.cooking-hacks.com/*

- Makeshed 公司：*http://www.makershed.com/*
- Element14 公司：*http://www.element14.com/*
- RS Components 公司：*http://www.rs-components.com*
- Makingthings 网站关于电子元件的介绍：*http://www.makingthings.com/teleo/products/documentation/teleo_user_guide/electronics.html*
- 维基百科上介绍电子元件示意符号的文章：*http://en.wikipedia.org/wiki/Electronic_symbol*

智能家居技术

　　我们会对那些对商业及开源的智能家居应用和技术感兴趣的人提供一些资源，包括与 X10 相关的资源。

- X10 知识基础：*http://kbase.x10.com/wiki/Main_Page*
- X10.com：*http://www.x10.com/homepage.htm*
- Nest 恒温器：*http://www.nest.com/*
- Android 操作系统：*http://www.android.com/*
- Android 系统开发资源：*http://developer.android.com/index.html*
- 开源自动化（基于 Windows）：*http://www.opensourceautomation.com/*
- Open Remote 开源物联网平台：*http://www.openremote.org/display/HOME/OpenRemote*
- Honeywell 家居控制系统：*http://yourhome.honeywell.com/home/*
- Hackaday 博客：*http://hackaday.com/*
- 虹膜智能盒：*http://www.lowes.com/cd_Products_1337707661000_*

3D 打印技术

　　3D 打印技术为智能家居爱好者提供了为他们自己的系统提供了私人定制的机会，使得制作箱体、托架、齿轮和其他工具成为可能。以下链接涵盖 3D 打印机和 3D 打印服务。

- Makerbot 3D 打印机：*http://www.makerbot.com/*
- Thingiverse 网站：*http://www.thingiverse.com/*
- 炙手可热的 3D 打印服务商 Shapeways：*http://www.shapeways.com/*

- Stratasys 3D 打印机：*http://www.stratasys.com/*
- i.materialise 网站：*http://i.materialise.com/*
- Next Engine 3D 扫描仪：*http://www.nextengine.com/*
- David 3D 扫描仪：*http://www.david-laserscanner.com/*

EEG 头戴式视图器

EEG 头戴式视图器是一个即将实现的技术，下列资源提供可以购买及开发的设备装置。

- 脑电波头带：*http://www.emotiv.com/*
- Neurosky 科技公司：*http://www.neurosky.com/*
- Interaxon 公司的 Muse 脑电波头带：*http://interaxon.ca/muse/faq.php*
- 维基百科上关于 EEG 的文章：*http://en.wikipedia.org/wiki/Electroencephalography*

其他资源

我们也提供一系列基于本书中某些主题的其他资源，以及你可能会感兴趣的领域的资源：

- Google 图书《大众机械》（*Popular Mechanics*）杂志：*http://books.google.com/books?id=49gDAAAAMBAJ&source=gbs_all_issues_r&cad=1&atm_aiy=1960#all_issues_anchor*
- 维基百科上关于市电的条目：*http://en.wikipedia.org/wiki/Mains_electricity*
- 维基百科上关于继电器的条目：*http://en.wikipedia.org/wiki/Relay*
- 维基教科书中关于嵌入式系统的书目：*http://en.wikibooks.org/wiki/Embedded_Systems*
- 开源促进会：*http://opensource.org/*
- IO 编程语言：*http://iolanguage.org/*
- Raspberry Pi 的 IO 编程语言二进制程序下载：*http://iobin.suspended-chord.info/linux/iobin-linux-armhf-deb-current.zip*